智能驾驶理论与实践系列丛书

# 深度学习与机器人

张　锐　主编

北京钢铁侠科技有限公司　编著

電子工業出版社.

**Publishing House of Electronics Industry**

北京·BEIJING

## 内 容 简 介

本书基于卷积神经网络和图像识别方法，介绍了 PyTorch 和 PaddlePaddle 两种框架，并结合移动机器人讲解了具体的开发过程。书中所用的硬件平台，带有两个摄像头传感器，为机器人和无人驾驶车辆多摄像头导航提供了理论指导。书中提到的模拟沙盘，正是机器人作为园区巡检或无人配送实例的缩影。通过基于理论的实践，本书不局限于具体的平台和场景，可以作为实现深度学习的通用化方法。本书源于工程化实践，抽象为具体方法和案例，为学习基于深度学习的机器人技术提供了指南。

本书可供从事移动机器人和无人驾驶研究的科研工作者、高校教师及相关专业学生使用。

**图书在版编目（CIP）数据**

深度学习与机器人 / 张锐主编. —北京：电子工业出版社，2023.7
（智能驾驶理论与实践系列丛书）
ISBN 978-7-121-45864-4

Ⅰ. ①深… Ⅱ. ①张… Ⅲ. ①机器学习②机器人 Ⅳ. ①TP181②TP242

中国国家版本馆 CIP 数据核字（2023）第 116538 号

责任编辑：张　迪（zhangdi@phei.com.cn）
印　　刷：北京七彩京通数码快印有限公司
装　　订：北京七彩京通数码快印有限公司
出版发行：电子工业出版社
　　　　　北京市海淀区万寿路 173 信箱　邮编：100036
开　　本：787×980　1/16　印张：15.5　字数：337.2 千字
版　　次：2023 年 7 月第 1 版
印　　次：2024 年 4 月第 3 次印刷
定　　价：79.00 元

凡所购买电子工业出版社图书有缺损问题，请向购买书店调换。若书店售缺，请与本社发行部联系，联系及邮购电话：（010）88254888，88258888。

质量投诉请发邮件至 zlts@phei.com.cn，盗版侵权举报请发邮件至 dbqq@phei.com.cn。

本书咨询联系方式：zhangdi@phei.com.cn。

# 序

从微软在 2014 年对 Windows XP 停止服务，到 2020 年对 Windows 7 停止服务，这不仅需要我国加快推动国产操作系统的建设，也需要加强我国在开源软件生态中的话语权，提高国产软件的核心研发能力。

现在，我们正处于进入辅助驾驶的重要阶段，这一阶段是实现无人驾驶的过渡期。也许三五年后，在路况较好的情况下，人们就可以坐在车内欣赏窗外的风景，只需要在拥堵等特殊情况下握住方向盘。相较于欧美国家，我国在无人驾驶技术研发方面稍有差距，但后劲十足，这是因为无人驾驶需要基于大数据技术的高精度导航。

包括操作系统在内的核心关键技术，我国是必须掌握的。关键核心技术要立足于自主创新、要自主可控，得到了国家层面的大力支持。希望在 IT 一线的科技工作者，要始终坚持关键核心技术不能受制于人的原则，加强产业链上下游的组织与协作，提升关键软硬件供给能力。北京钢铁侠科技有限公司（"钢铁侠科技"）在这方面做得比较成功。

"钢铁侠科技"在理论积累和实践创新的基础上，编著了"智能驾驶理论与实践系列丛书"。该丛书涵盖无人驾驶感知智能、深度学习与机器人、ROS 与 ROS2 开发指南等。丛书蕴含着"钢铁侠科技"多年的研发实践和成果积累，对从业者学习机器人编程基础、深度学习理论知识和无人驾驶实现方法有所裨益。

《深度学习与机器人》是该丛书之一，其很好地结合了人工智能的基础理论与机器人的创新操作，为数字经济与实体产业相结合打造了样板。在"钢铁侠科技"成立 8 周年之际，迎来了该书的出版。若读者能从本书中受到启发，产生两三点新思想，实现与时俱进，则更是我期待看到的。

中国工程院院士

# 前言

移动机器人产品开发过程大致包含 3 个阶段。第一阶段称为做原理样机的阶段，这时侧重对机械本体、控制算法的设计和研究。比如波士顿动力的 Bigdog、Atlas 和钢铁侠科技的双足人形机器人 ART-0、ART-1、ART-3，虽然表现炫酷，但是只能做设定好的动作或在设定好的环境下运动。其典型特征是机器人没有摄像头等传感器。第二阶段称为做人工智能的阶段，这时侧重对视觉、交互方面的研究和分析。比如特斯拉的人形机器人擎天柱和钢铁侠科技的人形机器人 ART-2、ART-4，都是在对机器人实现控制的同时，为机器人添加了视觉，通过视觉反馈让机器人完成任务。第三阶段称为做应用的阶段，这时会把机械本体、控制算法和人工智能相结合，开发机器人"运动脑"，让机器人具备自主或协同完成任务的能力，侧重对产品可靠性和成熟度方面的研究。如俄罗斯宇航局的人形机器人 Fedor 和钢铁侠科技的人形机器人 ART-5，都是面向太空在轨服务而设计的机器人，具备完成任务的能力。

本书的编写工作，正是面向机器人产品开发过程的第二和第三阶段而展开的。全书分为三篇：认知篇、框架篇和实战篇。认知篇为读者讲解了人工智能基本知识，重点介绍了卷积神经网络和图像目标检测。只有掌握了基本原理，才可以真正领悟深度学习的数学基础。框架篇结合工程实践的需要，为读者介绍了 PyTorch 和 PaddlePaddle 两种框架。这两种框架在产业内应用较为广泛，可以节省开发团队大量时间。实战篇结合移动机器人的硬件平台，介绍了一系列的工程实践项目。三篇层层递进，引导读者深入学习深度学习相关知识和技术。

本书介绍的理论知识，可以作为图像感知、目标检测和导航规划方面的重要理论基础，应用于机器人巡检、侦查、抓取、搬运、导航等方面。最近 5 年，依据本书内容做成的产品和课件，在全国 500 多所大学里被广泛使用。很多学校基于本书内容，设计了各种有意思的毕业设计课题。相信未来也会有很多青出于蓝的新技术值得一起探讨。

为了方便读者学习，读者可以登录华信教育资源网（http://www.hxedu.com.cn）免费注册后下载本书相关代码。

本书由张锐主编、北京钢铁侠科技有限公司编著，在编写过程中吸纳了全国数十位大学老师的建议。希望通过尽自己的微薄之力，帮助科研工作者、高校教师及相关专业学生，快速理解深度学习相关理论基础及实践方法，推进我国无人驾驶和智能机器人事业的快速发展。由于编者能力有限，书中难免有不到之处，烦请读者批评指正。

在本书付诸出版之际，感谢公司研发团队的辛勤付出，感谢电子工业出版社张迪等老师的悉心指导，感谢北京市科学技术委员会、中关村科技园区管理委员会给予"高算力低功耗机器人步态控制器研制"和"高抗扰性目标检测技术及应用"两项科技重大专项支持，感谢以各种形式帮助我们的朋友们。钢铁侠科技向各位致以深深的谢意。

北京钢铁侠科技有限公司

2023 年 6 月

# 目录

## 认 知 篇

# 框 架 篇

# 实 战 篇

# 认　知　篇

# 人工智能、深度学习和计算机视觉

## 1.1　人工智能简介

"智能"一词在现代生活中很常见，如智能手机、智能家居、智能驾驶等。在不同的使用场合中，智能的含义也不太一样。例如，"智能手机"中的"智能"，一般指由计算机控制并具有某种智能行为，这里的"计算机控制"和"智能行为"隐含了对人工智能的简单定义。

简单来讲，人工智能（Artificial Intelligence，AI）就是让机器具有人类的智能，这也是人们长期追求的目标。这里关于什么是"智能"并没有一个很明确的定义，但一般认为智能（特指人工智能）是知识和智力的总和，都和大脑的思维活动有关。人类大脑是经过上亿年的进化才形成的复杂结构，但我们至今仍然没有完全了解其工作机理。虽然随着神经科学、认知心理学等学科的发展，人们对大脑的结构有了一定程度的了解，但对大脑的智能究竟是怎么产生的还知道得很少。我们并不了解大脑的运作原理，以及如何产生意识、情感、记忆等。因此，通过"复制"人脑来实现人工智能在目前阶段是不切实际的。

1950 年，阿兰·图灵（Alan Turing）发表了一篇有着重要影响力的论文 *Computing*

*Machinery and Intelligence*，讨论了创造一种"智能机器"的可能性。由于"智能"一词比较难以定义，他提出了著名的图灵测试："一个人在不接触对方的情况下，通过一种特殊的方式和对方进行一系列的问答。如果在相当长的时间内，他无法根据这些问题判断对方是人还是计算机，那么就可以认为这个计算机是智能的。"图灵测试是促使人工智能从哲学探讨到科学研究的一个重要因素，引导了人工智能的很多研究方向。因为要使得计算机能通过图灵测试，计算机就必须具备理解语言、学习、记忆、推理、决策等能力。这样，人工智能就延伸出了很多不同的子学科，如机器感知（计算机视觉、语言信息处理）、学习（模式识别、机器学习、强化学习）、语言（自然语言处理）、记忆（知识表示）、决策（规划、数据挖掘）等。所有这些研究领域都可以看作人工智能的研究范畴。

人工智能是计算机科学的一个分支，主要研究与开发用于模拟、延伸和扩展人类智能的理论、方法、技术及应用系统等。和很多其他学科不同，人工智能这个学科的诞生有着明确的标志性事件，如 1956 年的达特茅斯（Dartmouth）会议。在这次会议上，"人工智能"被提出并作为本研究领域的名称。同时，人工智能研究的使命也得以确定。约翰·麦卡锡（John McCarthy）提出了人工智能的定义：人工智能就是要让机器的行为看起来就像是人所表现出的行为一样。

目前，人工智能的主要领域大体上可以分为以下几个方面。

（1）感知：模拟人的感知能力，对外部刺激信息（视觉和语音等）进行感知和加工。主要研究领域包括语音信息处理和计算机视觉等。

（2）学习：模拟人的学习能力，主要研究如何从样例或从与环境的交互中进行学习。主要研究领域包括监督学习、无监督学习和强化学习等。

（3）认知：模拟人的认知能力。主要研究领域包括知识表示、自然语言理解、推理、规划、决策等。

目前我们对人类智能的机理依然知之甚少，还没有一个通用的理论来指导如何构建一个人工智能系统。不同的研究者都有各自的理解，因此在人工智能的研究过程中产生了很多不同的流派。例如，一些研究者认为人工智能应该通过研究人类智能的机理来构建一个仿生的模拟系统，而另外一些研究者则认为可以使用其他方法来实现人类的某种智能行为。一个著名的例子就是让机器具有飞行能力不需要模拟鸟的飞行方式，而应该研究空气动力学。

尽管人工智能的流派非常多，但主流的方法大体上可以归结为以下两种。

（1）符号主义（Symbolism）：又称逻辑主义、心理学派或计算机学派，是指通过分析人类智能的功能，然后用计算机来实现这些功能的一类方法。符号主义有两个基本假设：信息可以用符号来表示；符号可以通过显式的规则（如逻辑运算）来操作。人类的认知过程可以看作符号操作过程。在人工智能的推理期和知识期，符号主义的方法比较盛行，并取得了大量的成果。

（2）连接主义（Connectionism）：又称仿生学派或生理学派，是认知科学领域中一类信息处理的方法与理论。在认知科学领域，人类的认知过程可以看作一种信息处理过程。连接主义认为人类的认知过程是由大量简单神经元构成的神经网络中的信息处理过程，而不是符号运算。因此，连接主义模型的主要结构是由大量简单的信息处理单元组成的互联网络，具有非线性、分布式、并行化、局部性计算，以及自适应性等特性。

符号主义方法的一个优点是可解释性，而这也正是连接主义方法的弊端。深度学习的主要模型神经网络就是一种连接主义模型。随着深度学习的发展，越来越多的研究者开始关注如何融合符号主义和连接主义，建立一种高效并且具有可解释性的模型。

## 1.2　人工智能的发展

人工智能从诞生至今，经历了一次又一次的繁荣与低谷，其发展历程大体上可以分为推理期、知识期和学习期，如图 1.1 所示。

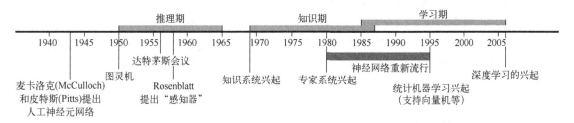

图 1.1　人工智能发展史

（1）推理期。1956 年达特茅斯会议之后，研究者对人工智能的研究热情高涨，之后的十几年是人工智能的黄金时期。大部分早期研究者都通过人类的经验，基于逻辑或者事实归纳出来一些规则，然后通过编写程序来让计算机完成一个任务。这个时期，研究者开发了一系列的智能系统，如几何定理证明器、语言翻译器等。这些初步的研究成果也使得研究者对开发出具有人类智能的机器过于乐观，低估了实现人工智能的难度。有些研究者甚至认为："20 年内，机器将能完成人能做到的一切工作""在 3～8 年的时间里可以研发出一台具有人类平均智能的机器"。但随着研究的深入，研究者意识到这些推理规则过于简单，对项目难度评估不足，原来的乐观预期受到严重打击。人工智能的研究开始陷入低谷，很多人工智能项目的研究经费也被削减。

（2）知识期。到了 20 世纪 70 年代，研究者意识到知识对于人工智能系统的重要性。特别是对于一些复杂的任务，需要专家来构建知识库。在这一时期，出现了各种各样的专家系统（Expert System），并在特定的专业领域取得了很多成果。专家系统可以简单理解为"知识库+

推理机”，是一类具有专门知识和经验的计算机智能程序系统。专家系统一般采用知识表示和知识推理等技术来完成通常由领域专家才能解决的复杂问题，因此专家系统也被称为基于知识的系统。一个专家系统必须具备三要素，即领域专家级知识、模拟专家思维、达到专家级的水平。在这一时期，Prolog（Programming in Logic）语言是主要的开发工具，用来建造专家系统、智能知识库，以及处理自然语言理解等。

（3）学习期。对于人类的很多智能行为（如语言理解、图像理解等），我们很难知道其中的原理，也无法描述这些智能行为背后的“知识”。因此，我们也很难通过知识和推理的方式来构建实现这些智能行为的智能系统。为了解决这类问题，研究者开始将研究重点转向让计算机从数据中自己学习。事实上，“学习”本身也是一种智能行为。从人工智能的萌芽时期开始，就有一些研究者尝试让机器来自动学习，即机器学习（Machine Learning，ML）。机器学习的主要目的是设计和分析一些学习算法，让计算机可以从数据（经验）中自动分析并获得规律，之后利用学习到的规律对未知数据进行预测，从而帮助人们完成一些特定任务，提高开发效率。机器学习的研究内容也十分广泛，涉及线性代数、概率论、统计学、数学优化、计算复杂性等多门学科。在人工智能领域，机器学习从一开始就是一个重要的研究方向；但直到1980年后，机器学习因其在很多领域的出色表现，才逐渐成为热门学科。

在发展了多年后，人工智能虽然可以在某些方面超越人类，但想让机器真正通过图灵测试，具备真正意义上的人类智能，这个目标看上去仍然遥遥无期。

## 1.3　深度学习简介

为了学习一种好的表示，需要构建具有一定“深度”的模型，并通过学习算法让模型自动学习出好的特征表示（从底层特征到中层特征，再到高层特征），从而最终提升预测模型的准确率。所谓“深度”，是指对原始数据进行非线性特征转换的次数。如果把一个表示学习系统看作一个有向图结构，深度也可以看作从输入节点到输出节点所经过的最长路径的长度。

这样我们就需要一种学习方法可以从数据中学习一个“深度模型”，这就是深度学习（Deep Learning，DL）。深度学习是机器学习的一个子问题，其主要目的是从数据中自动学习到有效的特征表示。

图 1.2 给出了深度学习的数据处理流程，通过多层的特征转换，把原始数据变成更高层次、更抽象的表示。这些学习到的表示可以替代人工设计的特征，从而避免“特征工程”。

深度学习将原始的数据特征通过多步的特征转换得到一种特征表示，并进一步输入到预测函数中得到最终结果。和“浅层学习”不同，深度学习需要解决的关键问题是贡献度分配问题（Credit Assignment Problem，CAP），即一个系统中不同的组件（Component）或其参数对系统最终输出结果的贡献或影响。以下围棋为例，每当下完一盘棋，最后的结果要么赢要么输。我们会思考哪几步棋导致了最后的胜利，或者又是哪几步棋导致了最后的败局。如何判断每一步棋的贡献就是贡献度分配问题，这是一个非常困难的问题。从某种意义上讲，深度学习可以看作一种强化学习（Reinforcement Learning，RL），每个内部组件并不能直接得到监督信息，需要通过整个模型的最终监督信息（奖励）得到，并且有一定的延时性。

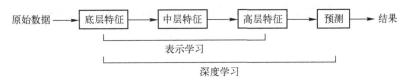

图 1.2　深度学习的数据处理流程

目前，深度学习采用的模型主要是神经网络模型，主要原因是神经网络模型可以使用误差反向传播算法，可以比较好地解决贡献度分配问题。只要是超过一层的神经网络，都会存在贡献度分配问题，因此可以将超过一层的神经网络都看作深度学习模型。随着深度学习的快速发展，模型深度也从早期的 5～10 层增加到目前的数百层。随着模型深度的不断增加，其特征表示的能力也越来越强，从而使后续的预测更加容易。

## 1.4　计算机视觉

计算机视觉是使用计算机及相关设备对生物视觉的一种模拟。它的主要任务就是通过对所采集的图片或视频进行处理以获得相应场景的三维信息，就像人类和许多其他生物每天所做的那样。

计算机视觉就是用各种成像系统代替视觉器官作为输入敏感手段，由计算机代替大脑完成处理和解释。计算机视觉的最终研究目标是使计算机能像人那样通过视觉观察和理解世界，具有自主适应环境的能力；而这是要经过长期的努力才能达到的目标。因此，在实现最终目标以前，人们努力的中期目标是建立一种视觉系统，这个系统能依据视觉敏感和反馈的某种程度的智能完成一定的任务。例如，计算机视觉的一个重要应用领域是自主车辆的视觉导航，还没有条件实现像人那样能识别和理解任何环境，完成自主导航的系统。因此，人们努力的研究目标是实现在高速公路上具有道路跟踪能力，可避免与前方车辆碰撞的视觉辅助驾驶系统。这里要指出的一点是，在计算机视觉系统中，计算机起代替人脑的作用，但并不意味着计算机必须按人类视觉的方法完成视觉信息的处理，计算机视觉可以而且应该根据计算机系统的特点来进行视觉信息的处理。

计算机视觉既属于工程领域，也是科学领域中一个富有挑战性的重要研究领域。计算机视觉是一门综合性的学科，它已经吸引了来自各个学科的研究者参与到对它的研究之中。其中包括计算机科学和工程、信号处理、物理学、应用数学和统计学、神经生理学和认知科学等。有不少学科的研究目标与计算机视觉相近或相关。这些学科包括图像处理、模式识别或图像识别、景物分析、图像理解等。计算机视觉涉及图像处理和模式识别，除此之外，它还涉及空间形状的描述，几何建模，以及认识过程。实现图像理解是计算机视觉的终极目标。

# 第 2 章

# 卷积神经网络及应用介绍

当你第一次接触"卷积神经网络"这个术语时，你会觉得这应该是神经科学或生物学方面的东西。的确如此，卷积神经网络（Convolutional Neural Network，CNN）是动物视觉研究成果的一个衍生物。

早在 1906 年，谢灵顿（Sherrington）首次使用"感受野"一词用于描述在狗身上引起搔扒反射实验中的皮肤区域。在 1938 年，Hartline 将"感受野"一词用于单个细胞（指青蛙视网膜细胞）中，此后，该词逐渐扩展到听觉、触觉、视觉等多个领域中。在 20 世纪五六十年代，胡贝尔（Hubel）和威塞尔（Wiesel）通过研究猫和猴子的视觉感受野，提出视觉系统中某一层细胞的感受野是由视觉系统较低层的细胞输入而成的，并且通过这种层级方式，可以组合小而简单的感受野，形成大而复杂的感受野。同时，科学家提出大脑中有两种基本的视觉细胞，即简单细胞（Simple Cell）和复杂细胞（Complex Cell）。实验表明，视觉皮层的网络结构形式是：侧膝体（LGB）→简单细胞→复杂细胞→低阶超复杂细胞→高阶超复杂细胞。低阶超复杂细胞与高阶超复杂细胞之间的神经网络结构类似于简单细胞与复杂细胞之间的网络结构。而且在这种层次结构中，处于较高阶段的细胞通常更倾向于有选择性地对刺激模式的更复杂特征做出反应，同时具有更大的接收场，并且对刺激模式位置的变化更不敏感。在该仿生系统中，假设在更高层中依然存在这种层次结构，处于最高阶的细胞只对特定的刺激模式做出反应，而不受刺激的位置或大小所影响。这就是现代 CNN 中卷积层（Convolution Layer）+池化层（Pooling Layer）的最初范例及灵感来源。

在1980 年，日本学者福岛邦彦（Kunihiko Fukushima）提出了一种称为"Neocognitron"的模式识别机制，并且它是最早被提出的深度学习算法之一，其隐含层由 S 层（Simple-layer）和

C 层（Complex-layer）交替构成。其中，S 层单元在感受野内对图像特征进行提取，C 层单元接收和响应不同感受野返回的相同特征。S层–C层组合能够进行特征提取和筛选，部分实现了卷积神经网络中卷积层和池化层的功能，被认为是启发了卷积神经网络的开创性研究。

卷积神经网络与传统识别方法相比，具有识别速度快、分类准确度高、所需特征少、可以自训练等优点，已被广泛应用于计算机视觉、智能控制、模式识别和信号处理等领域，并在图像目标识别、自然语言处理、语音信号识别等方面取得了极大的成功，已成为深度学习的代表算法之一，推动着人工智能的快速发展。

## 2.1　神经网络结构

### 2.1.1　神经元与感知器

生物神经细胞（神经元）的结构大致可分为树突、突触、细胞体及轴突。单个神经细胞可被视为一种只有两种状态的机器——激动时为"是"，而未激动时为"否"。神经细胞的状态取决于从其他的神经细胞收到的输入信号量及突触的强度（抑制或加强）。当信号量总和超过了某个阈值时，细胞体就会激动，产生电脉冲，电脉冲沿着轴突并通过突触传递到其他神经元。

感知器是生物神经细胞的简单抽象，为了模拟神经细胞行为，与之对应的感知器基础概念被提出，如权重（突触）、偏置（阈值）及激活函数（细胞体）。在神经网络中，感知器就是我们所谓的"人工神经元"。

图 2.1 所示的单层感知器的结构示意图中有 $x_1$ 和 $x_2$ 输入，一般情况下，可以引入权重 $w_1$ 和 $w_2$ 来表示输入对输出的重要性，这时可以计算 $w_1×x_1+w_2×x_2+b$（偏置），即分配权重后的总和。当总和大于阈值的时候，神经元输出 $a=1$（神经元激活）；当小于阈值的时候，神经元输出 $a=0$（神经元未被激活）。如果输入的样本点不能简单地被分为两类——非 0 即 1（线性可分），我们将引入激活函数（Activation Function），即图 2.1 中的 $g(z)$，利用 0～1 的概率值来代表神经元被激活的程度。例如，0 是未被激活，1 是全激活，那么 0.5 就是半激活的中间状态，这个数值叫作激活值（Activation）。神经元不同的激活值状态如图 2.2 所示。

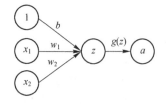

图 2.1　单层感知器的结构示意图

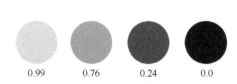

图 2.2　神经元不同的激活值状态

## 2.1.2 神经网络

人类大脑的神经元是我们思维的基础，我们之所以能够看、听、读、写，进行各种思考，都是大脑里 800 多亿神经元共同作用的结果。粗糙地说，神经元有两种状态：激活（Active）或未激活（Inactive）。我们头脑里的每个念头，本质上都是不同组合的神经元被点亮。例如，如图 2.3 所示，我们看到电视屏幕上出现一个"猫"字的画面，但本质上是电视屏幕数百万个像素被点亮而已。

神经网络由大量的神经元相互连接而成。每个神经元不仅自己忽明忽暗地变化着，而且能够通过连接向其他数以千计的神经元传递信号，也能接收其他神经元传递过来的信号，并且能够根据这些传入的信号再调整而发出新的信号。这就像一张网，所有神经元互相影响，互为输出、输入，互为因果，互相激活，互相抑制。

因此，我们将图 2.4 中的单个神经元组织在一起，便形成了神经网络。图 2.5 便是一个 3 层神经网络结构示意图。图中最左边的原始输入信息称为输入层，最右边的神经元称为输出层，中间的叫隐藏层。

图 2.3 "猫"念头神经元的状态示意图

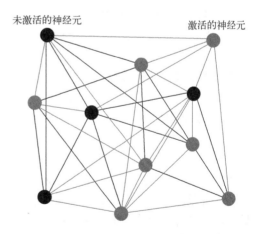

图 2.4 神经网络中神经元互相激活的示意图

输入层（Input Layer）：众多神经元接收大量非线性的输入信息。

输出层（Output Layer）：信息在神经元链接中传输、分析、权衡，形成输出结果。

隐藏层（Hidden Layer）：简称"隐层"，是输入层和输出层之间众多神经元和连接组成的各个层面。实际中也是有多层隐藏层的，即输入层和输出层中间夹着数层隐藏层，层和层之间是全连接的结构，同一层的神经元之间没有连接。图 2.6 所示为两层隐藏层神经网络结构示意图。

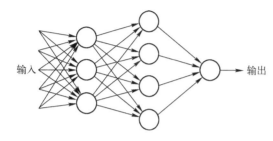

图 2.5　3 层神经网络结构示意图

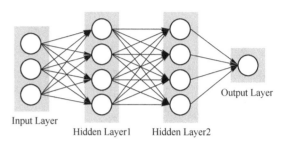

图 2.6　两层隐藏层神经网络结构示意图

## 2.2　图像识别的任务

### 2.2.1　视觉感知

视觉信息的处理始于人眼，人类视觉系统主要由角膜、虹膜、晶状体及视网膜组成，如图 2.7 所示。

人类视觉系统的信息处理机制是一个高度复杂的过程，科学家们从生物学、解剖学、神经生理学、心理物理学等方面做了大量的研究，接下来将主要说明视觉关注机制、亮度及对比敏感度、视觉掩盖、视觉内在推导机制这 4 个特性。

（1）视觉关注机制（Visual Attention）：在纷繁复杂的外界场景中，人类视觉总能快速定位重要的目标区域并进行细致的分析，而对其他区域仅进行粗略分析甚至忽视。视觉关注可由两种模式引起。

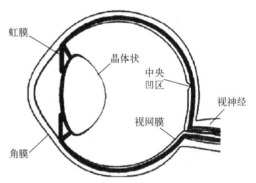

图 2.7　人类视觉系统的结构示意图

一种是由客观内容驱动的自底向上（bottom-up）关注模式，那些与周围区域具有较大差异性的目标容易吸引观察者的视觉关注；另一种是由主观命令指导的自顶而下（top-down）关注模式，该模式可将视觉关注强行转移到某一特定区域。

（2）亮度及对比敏感度：人眼对光强度具有某种自适应的调节功能，即能通过调节感光灵敏度来适应范围很大的亮度，同时这也导致了对绝对亮度的判断较差。因此人眼对外界目标亮度的感知更多依赖于目标跟背景之间的亮度差。换言之，人类视觉系统对亮度的分辨能力是有限的，只能分辨具有一定亮度差的目标物体，而差异较小的亮度则会被认为是一致的；人类视觉系统非常关注物体的边缘，往往通过边缘信息获取目标物体的具体形状、解读目标物体等。由于视觉系统具有鲁棒性，无法分辨一定程度以内的边缘模糊，这种对边缘模糊的分辨能力则称为对比灵敏度。

（3）视觉掩盖：视觉信息间的相互作用或相互干扰将引起视觉掩盖效应。常见的掩盖效应如下所示。

① 由于边缘存在强烈的亮度变化，人眼对边缘轮廓敏感，而对边缘的量度误差不敏感，即对比度掩盖；

② 图像纹理区域存在较大的亮度以及方向变化，人眼对该区域信息的分辨率下降，即纹理掩盖；

③ 视频序列相邻帧间内容的剧烈变动（如目标运动或者场景变化），导致人眼分辨率的剧烈下降，即时域的运动掩盖及切换掩盖。

（4）视觉内在推导机制：最新的人脑研究指出，人类视觉系统并非原原本本地去理解进入人眼的视觉信号，而是存在一套内在的推导机制（Internal Generative Mechanism）去解读输入的视觉信号。

## 2.2.2　图像表达

画面识别是从大量的 $(x,y)$ 数据中寻找人类的视觉关联方式，并再次应用。其中，$x$ 是输入，$y$ 表示所识别到的物体种类。输入的图像 $x$ 在计算机中是一堆按顺序排列的数字，数值为 0～255，其中 0 表示最暗，255 表示最亮，如图 2.8 所示。为保留该结构信息，通常选择矩阵的表示方式，如 28×28 的矩阵。

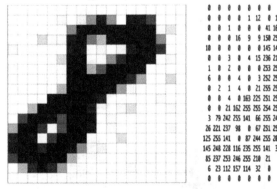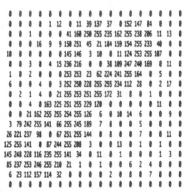

图 2.8　灰度图的图像表达示意图

图 2.8 是只有黑白颜色的灰度图，而更普遍的图片表达方式是 RGB 颜色模型，即红（Red）、绿（Green）、蓝（Blue）三原色的色光以不同的比例相加，以产生多种多样的色光。这样，在 RGB 颜色模型中，单个矩阵就扩展成了有序排列的 3 个矩阵，也可以用三维张量去

理解，其中的每一个矩阵又叫这个图片的一个通道（Channel）。在计算机中，一张图片是数字构成的"长方体"，可用宽（width）、高（height）、深（depth）来描述，如图 2.9 所示。

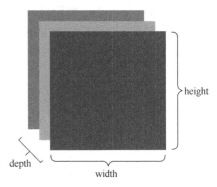

图 2.9　RGB 图片的图像表达示意图

### 2.2.3　画面不变性

根据人类视觉感知机制，一个物体不管在画面左侧还是右侧，都会被识别为同一物体，这一特点就是不变性（Invariance），如图 2.10 所示，所建立的卷积网络可以尽可能满足这些不变性特点。

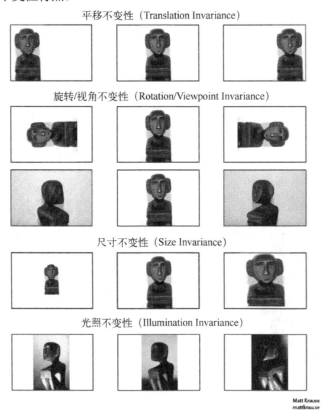

图 2.10　画面的不变性

为方便起见，用深度只有 1 的灰度图来举例，即在宽、高均为 4 的图片中识别是否有图 2.11 所示的"横折"。在图 2.11 中，浅灰色圆点表示值为 0 的像素，深灰色圆点表示值为 1 的像素。不管这个横折在图片中的什么位置，都会被认为是相同的横折。

　　卷积神经网络就是让权重在不同位置共享的神经网络。在卷积神经网络中，先选择一个局部区域，用这个局部区域去扫描整张图片，局部区域所圈起来的所有节点会被连接到下一层的一个节点上，即局部连接。为了更好区分，将这些以矩阵排列的节点展成向量。图 2.12 展示了被方框所圈中的编号为 0、1、4、5 的节点是如何连接到下一层的节点 0 上的。

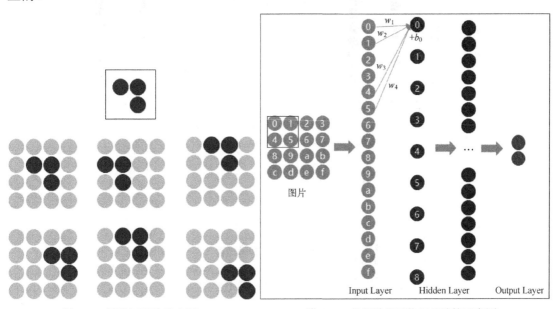

| 图 2.11　图像识别的示意图 | 图 2.12　卷积神经网络局部连接示意图 |
| --- | --- |

　　这个带有连接强弱的方框就叫作卷积核。而卷积核的范围叫作 Filter Size，这里所展示的卷积核的 Filter Size 是 2×2。当卷积核扫到其他位置计算输出节点时，所有网络参数是共用的，即空间共享。空间共享也就是卷积神经网络所引入的先验知识。图 2.13 展示了当卷积核扫过不同区域时节点的连接方式。图中显示的是一步一步地移动卷积核来扫描全图，一次移动多少叫作步长（Stride）。

　　如先前在图像表达中提到的，图片不用向量去表示是为了保留图片平面结构的信息。同样，卷积后的输出若用图 2.13 所示的排列方式，则丢失了平面结构信息。所以，输出表达依然用矩阵的方式排列它们，这样就得到了图 2.14 所展示的连接。经过一个卷积核计算后得到的深色圆圈区域，叫作一个特征图（Feature Map）。

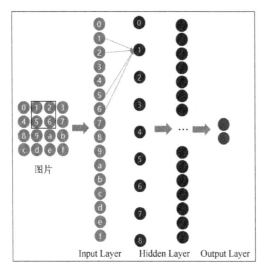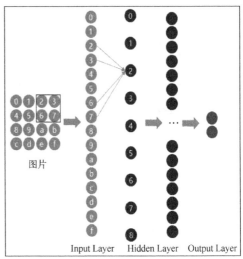

图 2.13　卷积神经网络局部连接示意图

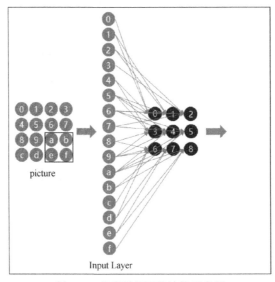

图 2.14　卷积神经网络连接示意图

## 2.3　卷积神经网络结构

卷积神经网络（CNN）沿用了 2.1 节提到的神经元网络，即多层感知器的结构，是一个前馈网络。CNN 的特点在于隐藏层分为卷积层（Convolutional Layer）和池化层（Pooling Layer，又叫下采样层）。以应用于图像领域的 CNN 为例，其大体结构如图 2.15 所示。

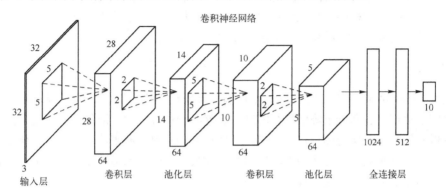

图 2.15　应用于图像领域的 CNN 的大体结构

## 2.3.1　卷积层

卷积是一种提取图像特征的有效方法。用卷积核按照设定好的步长在特征图上滑动，遍历所有像素点。卷积层是卷积神经网络的核心层，包含大量的计算。在处理高维度图像输入时，无法让每个神经元均与所有神经元一一连接，只能让每个神经元进行局部连接，这种连接的空间大小称为神经元的感受野（Receptive Field）。

图 2.16 所示为卷积计算过程示意图，中间滤波器与数据窗口做内积，具体计算过程是：

$$4\times0+0\times0+0\times0+0\times0+0\times1+0\times1+0\times0+0\times1+(-4)\times2=-8$$

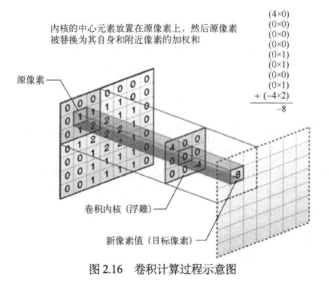

图 2.16　卷积计算过程示意图

为了控制参数的数量，需要用到权值共享。权值共享使用同一个卷积核卷积整个图像，使参数量大大减少。卷积层参数包含卷积核、步长和填充。为了防止边缘信息丢失，可采取填充方法多次计算边缘，使得卷积之后的图片跟原来一样大。

## 2.3.2 池化

在卷积神经网络中，需要将大量的图片输入到网络中进行训练。为了减轻网络负担，在为图片保留显著特征的基础上降低特征维度，这就必须进行池化。池化可利用图片的下采样不变性减少像素信息，只保留图片重要信息，且变小后仍能看出所表达的内容。池化后的图片大大提高了网络的计算效率。池化的方法有多种，如最大池化、均值池化等，而最大池化是卷积神经网络中常用的方法。池化过程如图 2.17 所示。

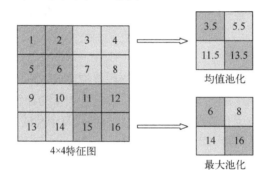

图 2.17　池化过程

在图 2.17 中，采用 2×2 的池化核，步长为 2，使用全 0 填充。均值池化将每一个 2×2 区域中的平均值作为输出结果；最大池化将 2×2 区域中的最大值作为输出结果，从而找到图像特征。池化操作容易丢失图片信息，需要增加网络深度来解决。

## 2.3.3 激活函数

卷积神经网络提取到的图像特征是线性的，而非线性变换可以增加模型表达能力。激活函数可以对提取到的特征进行非线性变换，起到特征组合的作用。

早期卷积神经网络主要采用 Sigmoid 函数或 tanh 函数。随着网络的扩展，以及数据的增多，近几年 ReLU（Rectified Linear Unit）在多层神经网络中应用较为广泛。ReLU 的改进型函数，如 Leaky-ReLU、P-ReLU、R-ReLU 等，也在使用。除此之外，ELU（Exponential Linear Units）函数、MaxOut 函数等也经常被使用。

常用的 Sigmoid 函数的表达式为

$$f(x) = \frac{1}{1 + e^{-x}}$$

tanh 函数的表达式为

$$f(x) = \frac{e^x - e^{-x}}{e^x + e^{-x}}$$

ReLU 函数的表达式为

$$f(x) = \max(0, x)$$

上述 3 种常用函数的图像如图 2.18 所示。其中，Sigmoid 函数存在梯度弥散，且函数不是关于原点对称的，计算指数函数比较耗时，在反向传播时，易出现梯度消失，无法完成深层网络的训练；tanh 函数关于原点对称，计算指数函数速度快，但仍存在梯度弥散问题；ReLU 函数可解决部分梯度弥散问题，收敛速度更快，但在 $x$ 取负数时，部分神经元死亡且不会复活（Leaky-ReLU 函数解决了神经死亡问题）。

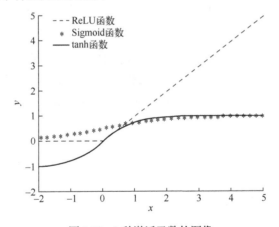

图 2.18　3 种激活函数的图像

## 2.3.4　全连接层

全连接层中的每个节点都需要和上一层中的每个节点彼此相接，学习模型参数，进行特征拟合，把前一层的输出特征综合起来，故该层的权值参数在网络中最多。参数过多，将会导致网络运算速度降低，所以近年来常用全局均值池化（Global Average Pooling，GAP）来替换全连接层，很大程度上加快了网络的运行速度。全连接层的结构如图 2.19 所示。在池化后输出的 20 个 12×12 的图像，经过全连接层变成 1×100 的向量，实现预测分类功能。

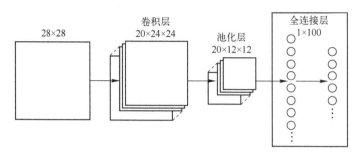

图 2.19    全连接层的结构

## 2.3.5    卷积神经网络训练

卷积神经网络（CNN）的训练，是使用前向传播算法得到预测值后，用反向传播算法链式求导，计算损失函数对每个权重的偏导数，然后使用梯度下降法对权重进行更新。

### 1. 参数初始化

神经网络的收敛结果在很大程度上取决于参数的初始化，理想的参数初始化方案使得模型训练事半功倍，不好的初始化方案不仅会影响网络的收敛效果，甚至会导致梯度弥散或梯度爆炸。注意，参数不能全部初始化为 0，这是因为在反向传播时梯度值相同，得到的所有参数都是一样的，神经网络无法训练模型。

1）随机初始化

随机初始化是一种最直观的初始化算法，使用同一概率分布对参数赋予初值。常用的概率分布有：

均匀分布：$W \sim U(-0.01, +0.01)$

高斯分布：$W \sim N(0, 0.01)$

2）Xavier 初始化

这种方法考虑了随机初始化常见的梯度弥散问题，通过计算适当的随机初始化范围，使得网络在计算前向传播和反向传播时，每层输出数值的方差与上一层保持一致，这在一定程度上避免了网络加深导致的梯度弥散问题。

3）MSRA 初始化

MSRA 初始化服从均值为 0、方差为 $2/n$（$n$ 为权重数量）的高斯分布。这种方法适用于深层网络、激活函数为 ReLU 的情况，当激活后方差发生变化时，初始权值也应相应变化。

### 2. CNN 的前向传播

1）卷积层和激活层的前向传播

令*表示卷积运算，则前向传播到第 1 层的计算为

$$a^{(l)} = g(z^{(l)}) = g\left(\sum_{m=1}^{M} z_m^{(l)}\right) = g\left(\sum_{m=1}^{M} a_m^{(l-1)} * w_m^{(l)}\right)$$

其中，$M$ 为卷积核个数，$g$ 为 ReLU 激活函数。

卷积层需要定义的参数有卷积核个数、卷积核尺寸、填充（Padding）和步长。

Padding 的两种方式为 Valid（不做 Padding）、Same（Padding 后进行卷积的输出尺寸和输入尺寸相同）。

2）池化层的前向传播

池化层不需要训练参数，其作用是对输入进行缩小操作，即输出矩阵的维度为输入矩阵维度（$N \times N$）除以池化尺寸（$k \times k$），即 $\frac{N}{k} \times \frac{N}{k}$。

这一层需要定义的参数有池化尺寸 $k$ 和池化方式（最大池化/均值池化）。

3）全连接层的前向传播

与传统全连接神经网络的计算方法相同，激活函数为 Sigmoid、tanh 或 Softmax：

$$a^{(l)} = g(z^{(l)}) = g(w^{(l)} a^{(l-1)})$$

这一层需要定义的参数有激活函数和神经元个数。

### 3. CNN 的反向传播

1）全连接层的反向传播

通过下列公式计算得到第 1 层的梯度为

$$\delta a^{(l)} = \delta a^{(l+1)} \cdot \frac{\partial E}{\partial z^{(l)}} = (w^{(l)})^{\mathrm{T}} \delta a^{(l+1)} \odot g'(z^{(l)})$$

使用 MBGD 算法更新这一层的权重：

$$w^{(l)} := w^{(l)} - \eta a / \sum_{\mathrm{mini}} \delta a^{(l+1)} (a^{(l)})^{\mathrm{T}}$$

2）池化层的反向传播

首先根据池化尺寸将特征图尺寸还原 $k$ 倍，即进行上采样，然后分为以下两种情况。

（1）最大池化：除了在前向传播记录下来的最大值处继承上层梯度，其他位置都置零，如图 2.20 所示。

（2）均值池化：将梯度平均分成 $k \times k$ 份，传递到前面对应区域内即可，如图 2.21 所示。

由于池化层没有激活函数，可以令 $g(z) = z$，即激活函数的导数为 1，梯度为

$$\delta a^{(l)} = \mathrm{upsample}(\delta a^{(l+1)}) \odot g'(z^{(l)})$$

3）卷积层的反向传播

对含有卷积的式子求导时，需要将卷积核旋转 180°，并在周围补零，即可得到上一层的梯度误差：

$$/\text{delt } \boldsymbol{a}^{(l)} = /\text{delt } \boldsymbol{a}^{(l+1)} /cdot /frac /partial \boldsymbol{z}^{(l+1)} /partial \boldsymbol{z}^{(l)} = /\text{delt } \boldsymbol{a}^{(l+1)} * rot180(\boldsymbol{w}^{(l+1)}) /odot g'(\boldsymbol{z}^{(l)})$$

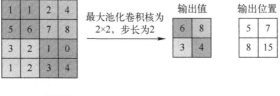

图 2.20    最大池化层反向传播示意图

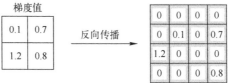

图 2.21    均值池化层反向传播示意图

得到梯度误差后即可求出 $\boldsymbol{w}$ 的更新（层内求导不翻转 180°）：

$$/frac /partial E /partial \boldsymbol{w}^{(l)} = /frac /partial E /partial \boldsymbol{z}^{(l)} /frac /partial \boldsymbol{z}^{(l)} /partial \boldsymbol{w}^{(l)} = \boldsymbol{a}^{(l-1)} * /\text{delt } \boldsymbol{a}^{(l)}$$

# 2.4    软件环境安装

## 2.4.1    Python 环境安装

（1）打开 Python 官网下载界面，单击自己想要的 Python 版本，如图 2.22 所示。
（2）可以选择下载 Python 3.5 之后的版本，单击"Download"，如图 2.23 所示。

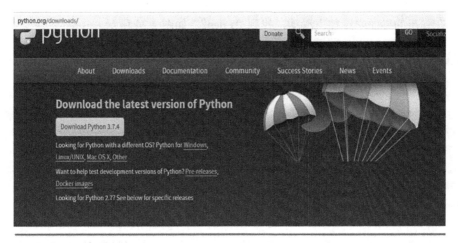

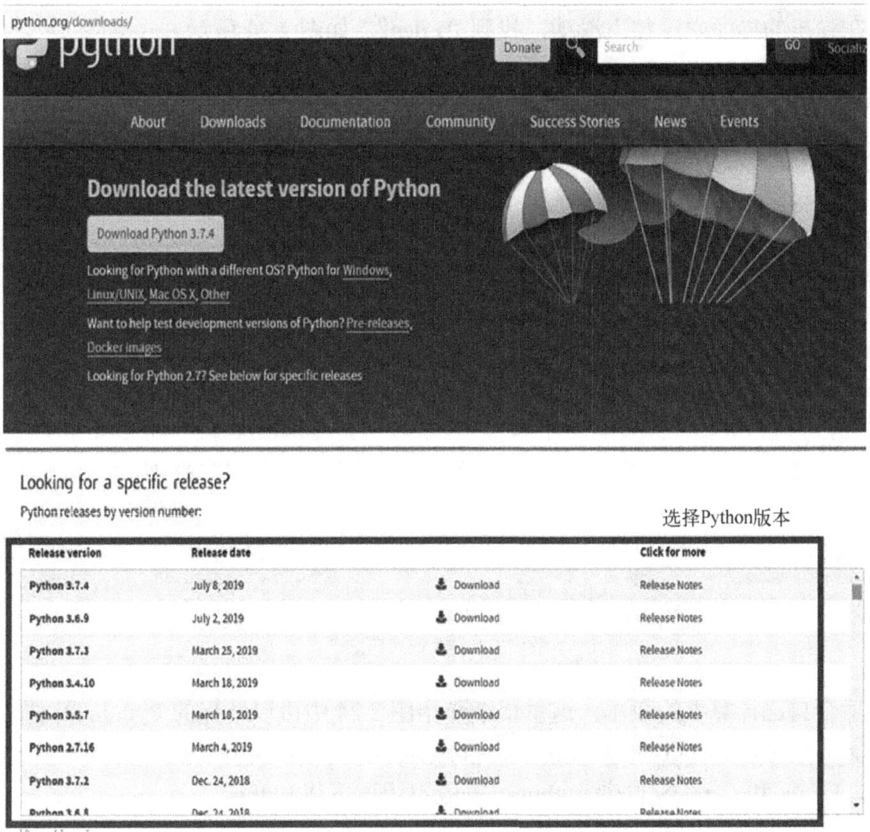

图 2.22　选择 Python 版本

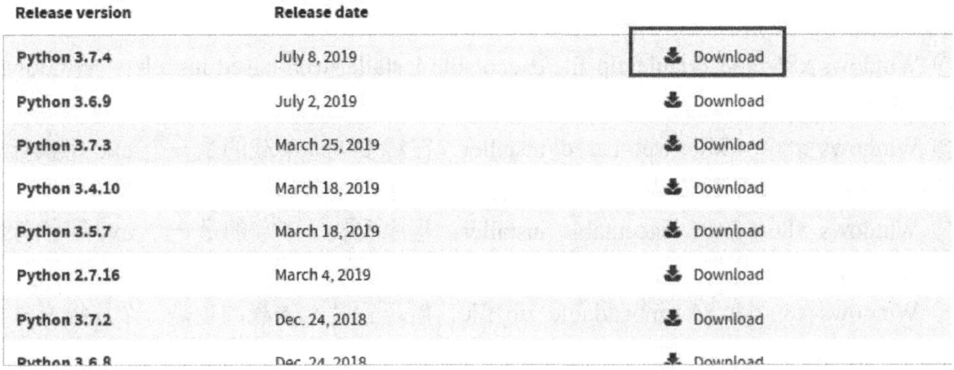

| Release version | Release date | | |
|---|---|---|---|
| Python 3.7.4 | July 8, 2019 | | ⬇ Download |
| Python 3.6.9 | July 2, 2019 | | ⬇ Download |
| Python 3.7.3 | March 25, 2019 | | ⬇ Download |
| Python 3.4.10 | March 18, 2019 | | ⬇ Download |
| Python 3.5.7 | March 18, 2019 | | ⬇ Download |
| Python 2.7.16 | March 4, 2019 | | ⬇ Download |
| Python 3.7.2 | Dec. 24, 2018 | | ⬇ Download |
| Python 3.6.8 | Dec. 24, 2018 | | ⬇ Download |

图 2.23　下载 Python

（3）在弹出的界面中，往下滑动，找到"Files"，如图 2.24 所示。

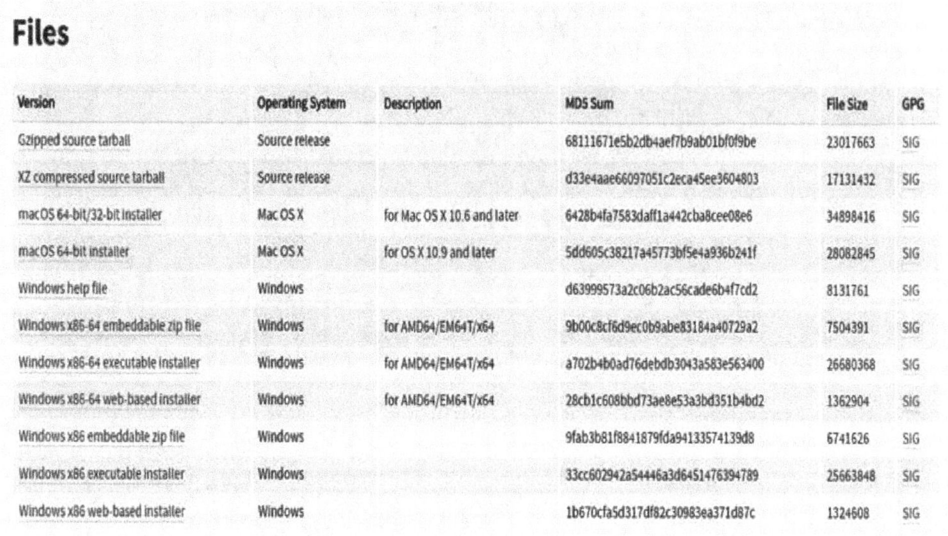

## Files

| Version | Operating System | Description | MD5 Sum | File Size | GPG |
|---|---|---|---|---|---|
| Gzipped source tarball | Source release | | 68111671e5b2db4aef7b9ab01bf0f9be | 23017663 | SIG |
| XZ compressed source tarball | Source release | | d33e4aae66097051c2eca45ee3604803 | 17131432 | SIG |
| macOS 64-bit/32-bit installer | Mac OS X | for Mac OS X 10.6 and later | 6428b4fa7583daff1a442cba8cee08e6 | 34898416 | SIG |
| macOS 64-bit installer | Mac OS X | for OS X 10.9 and later | 5dd605c38217a45773bf5e4a936b241f | 28082845 | SIG |
| Windows help file | Windows | | d63999573a2c06b2ac56cade6b4f7cd2 | 8131761 | SIG |
| Windows x86-64 embeddable zip file | Windows | for AMD64/EM64T/x64 | 9b00c8cf6d9ec0b9abe83184a40729a2 | 7504391 | SIG |
| Windows x86-64 executable installer | Windows | for AMD64/EM64T/x64 | a702b4b0ad76dedbdb3043a583e563400 | 26680368 | SIG |
| Windows x86-64 web-based installer | Windows | for AMD64/EM64T/x64 | 28cb1c608bbd73ae8e53a3bd351b4bd2 | 1362904 | SIG |
| Windows x86 embeddable zip file | Windows | | 9fab3b81f8841879fda94133574139d8 | 6741626 | SIG |
| Windows x86 executable installer | Windows | | 33cc602942a54446a3d6451476394789 | 25663848 | SIG |
| Windows x86 web-based installer | Windows | | 1b670cfa5d317df82c30983ea371d87c | 1324608 | SIG |

图 2.24　找到"Files"

选择适合自己计算机的版本，这里详细介绍图 2.24 中可以选择的 Python 版本。

① Gzipped source tarball 和 XZ compressed source tarball：Linux 系统和 CentOS 系统版本。注意，Linux 和 CentOS 自带 Python，一般不用再下载 Python。

② macOS 64-bit/32-bit installer：Mac 计算机 32 位系统版本。

③ macOS 64-bit installer：Mac 计算机 64 位系统版本。

④ Windows x86-64 embeddable zip file/executable installer/web-based installer：Windows 64 位操作系统版本。

⑤ Windows x86 embeddable zip file/executable installer/web-based installer：Windows 32 位操作系统版本。

⑥ Windows x86-64/x86 web-based installer：在线安装。下载的是一个 exe 可执行程序，双击它后，该程序自动下载安装文件（需要有网络）进行安装。

⑦ Windows x86-64/x86 executable installer：程序安装。下载的是一个 exe 可执行程序，双击它后进行安装。

⑧ Windows x86-64/x86 embeddable zip file：解压安装。下载的也是一个压缩文件，解压后即表示安装完成。

（4）下面以 Windows 7 操作系统安装为例，选择的是 Windows x86-64 executable installer

版本，安装步骤如图 2.25～图 2.27 所示。

图 2.25　Python 安装路径

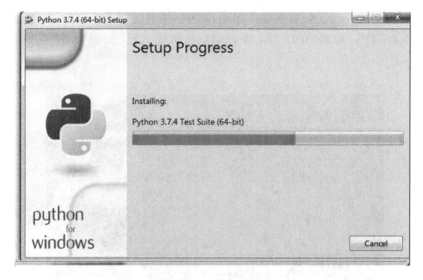

图 2.26　添加环境变量

注意：勾选"Add Python 3.7 to PATH"，将 Python 加入变量环境中。

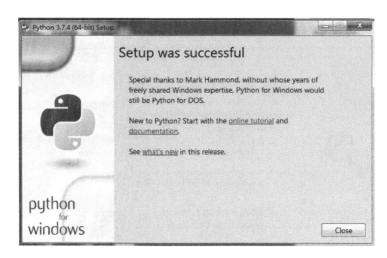

图 2.27　安装成功

安装完成之后，打开 CMD 界面（不是 Python 自带的），输入"python"后按"Enter"键。如果提示相应的版本号和一些指令，说明 Python 已经安装好了如图 2.28 所示。如果显示的是"'python'不是内部或外部命令，也不是可运行的程序或批处理文件"，则说明你现在还要手动加一下环境变量，表示安装失败，如图 2.29；很有可能是安装的时候忘记勾选"Add Python 3.7 to PATH"。最简单的方法，是卸载后重新装一下，一定要记得勾选"Add Python 3.7 to PATH"。

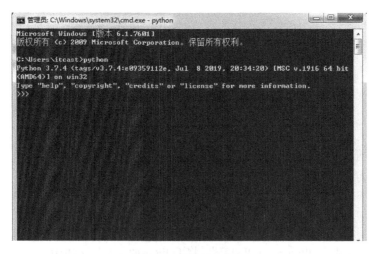

图 2.28　提示版本信息

图 2.29　安装失败

## 2.4.2　Numpy 功能包安装

Numpy 功能包的安装方式有以下几种。

### 1. 使用 pip 工具安装 Numpy 功能包

安装 Numpy 功能包最简单的方法就是使用 pip 工具：

```
pip3 install --user numpy scipy matplotlib
```

其中，--user 选项可以设置只安装在当前的用户下，而不是写入系统目录。

默认情况是使用国外线路。由于国外线路太慢，我们使用清华的镜像就可以：

```
pip3 install numpy scipy matplotlib -i https://pypi.tuna.tsinghua.edu.
cn/simple
```

### 2. Linux 系统下安装 Numpy 功能包

（1）Ubuntu / Debian 系统：

```
sudo  apt-get  install  python-numpy  python-scipy  python-matplotlib
ipython ipython-notebook python-pandas python-sympy python-nose
```

（2）CentOS/Fedora 系统：

```
sudo dnf install numpy scipy python-matplotlib ipython python-pandas
sympy python-nose atlas-devel
```

### 3．Mac 系统下安装 Numpy 功能包

Mac 系统的 Homebrew 不包含 Numpy 功能包或其他一些科学计算包，所以可以使用以下方式来安装：

```
    pip3 install numpy scipy matplotlib -i https://pypi.tuna.tsinghua.
edu.cn/simple
```

测试是否安装成功：

```
    >>> from numpy import *
    >>> eye(4)
    array([[1., 0., 0., 0.],
            [0., 1., 0., 0.],
            [0., 0., 1., 0.],
            [0., 0., 0., 1.]])
    from numpy import *    #为导入 numpy 库，eye(4) 生成对角矩阵
```

## 2.5　卷积神经网络代码详解

在卷积神经网络代码的架构中，神经网络层成了最核心的组件。这是因为卷积神经网络有不同的层，而每层的算法都在对应的类中实现。

### 2.5.1　Numpy 功能包导入

为了方便计算，在 Python 中编写算法经常会用到 Numpy 功能包。

为了使用 Numpy 功能包，需要先将 Numpy 功能包导入：

```
    import numpy as np
```

### 2.5.2　卷积层的实现

#### 1．卷积层初始化

（1）用 ConvLayer 类来实现一个卷积层。下面的代码是初始化一个卷积层，可以在构造函数中设置卷积层的超参数：

```
    class ConvLayer(object):
```

```
        def__init__(self, input_width, input_height,
                    channel_number, filter_width,
                    filter_height, filter_number,
                    zero_padding, stride, activator,
                    learning_rate):
    self.input_width = input_width
    self.input_height = input_height
    self.channel_number = channel_number
    self.filter_width = filter_width
    self.filter_height = filter_height
    self.filter_number = filter_number
    self.zero_padding = zero_padding
    self.stride = stride
    self.output_width = \
        ConvLayer.calculate_output_size(
            self.input_width, filter_width, zero_padding,
            stride)
    self.output_height = \
        ConvLayer.calculate_output_size(
            self.input_height, filter_height, zero_padding,
            stride)
    self.output_array = np.zeros((self.filter_number,
      self.output_height, self.output_width))
    self.filters = []
    for i in range(filter_number):
        self.filters.append(Filter(filter_width,
            filter_height, self.channel_number))
    self.activator = activator
    self.learning_rate = learning_rate
```

（2）用 calculate_output_size 函数来确定卷积层输出的大小，其实现如下：

```
    def calculate_output_size(input_size,
            filter_size, zero_padding, stride):
        return (input_size - filter_size +
            2 * zero_padding) / stride + 1
```

（3）Filter 类保存了卷积层的参数和梯度，并且实现了用梯度下降算法来更新参数：

```
    class Filter(object):
```

```
        def__init__(self, width, height, depth):
            self.weights = np.random.uniform(-1e-4, 1e-4,
                (depth, height, width))
            self.bias = 0
            self.weights_grad = np.zeros(
                self.weights.shape)
            self.bias_grad = 0
        def__repr__(self):
            return 'filter weights:\n%s\nbias:\n%s' % (
                repr(self.weights), repr(self.bias))
        def get_weights(self):
            return self.weights
        def get_bias(self):
            return self.bias
        def update(self, learning_rate):
            self.weights -= learning_rate * self.weights_grad
            self.bias -= learning_rate * self.bias_grad
```

上述代码采用常用的策略对参数进行初始化，即权重被随机初始化为一个很小的值，而偏置项被初始化为 0。

### 2. 实现激活函数

Activator 类实现了激活函数（ReLU 函数）。其中，forward 方法实现了前向计算，而 backward 方法则是计算导数。ReLU 函数的实现如下：

```
class ReluActivator(object):
    def forward(self, weighted_input):
        #return weighted_input
        return max(0, weighted_input)
    def backward(self, output):
        return 1 if output > 0 else 0
```

### 3. 卷积层前向计算的实现

ConvLayer 类的 forward 方法实现了卷积层的前向计算（根据输入计算卷积层的输出），具体实现如下：

```
def forward(self, input_array):
    '''
    计算卷积层的输出
```

```
        输出结果保存在 self.output_array 中
        '''
        self.input_array = input_array
        self.padded_input_array = padding(input_array,
            self.zero_padding)
        for f in range(self.filter_number):
            filter = self.filters[f]
            conv(self.padded_input_array,
                filter.get_weights(), self.output_array[f],
                self.stride, filter.get_bias())
        element_wise_op(self.output_array,
                    self.activator.forward)
```

上面的代码里面包含了以下几个工具函数。

① element_wise_op 函数实现了对 numpy 数组进行按元素操作，并将返回值写回数组中，具体实现如下：

```
# 对 numpy 数组进行 element wise 操作
def element_wise_op(array, op):
    for i in np.nditer(array,
                    op_flags=['readwrite']):
        i[...] = op(i)
```

② conv 函数实现了 2 维和 3 维数组的卷积，具体实现如下：

```
def conv(input_array,
        kernel_array,
        output_array,
        stride, bias):
    '''
    计算卷积，自动适配输入为 2 维和 3 维的情况
    '''
    channel_number = input_array.ndim
    output_width = output_array.shape[1]
    output_height = output_array.shape[0]
    kernel_width = kernel_array.shape[-1]
    kernel_height = kernel_array.shape[-2]
    for i in range(output_height):
        for j in range(output_width):
            output_array[i][j] = (
```

```
        get_patch(input_array, i, j, kernel_width,
            kernel_height, stride) * kernel_array
        ).sum() + bias
```

③ padding 函数实现了为数组增加 zero padding 的操作，具体实现如下：

```
# 为数组增加 zero padding
def padding(input_array, zp):
    '''
    为数组增加 zero padding, 自动适配输入为 2 维和 3 维的情况
    '''
    if zp == 0:
        return input_array
    else:
        if input_array.ndim == 3:
            input_width = input_array.shape[2]
            input_height = input_array.shape[1]
            input_depth = input_array.shape[0]
            padded_array = np.zeros((
                input_depth,
                input_height + 2 * zp,
                input_width + 2 * zp))
            padded_array[:,
                zp : zp + input_height,
                zp : zp + input_width] = input_array
            return padded_array
        elif input_array.ndim == 2:
            input_width = input_array.shape[1]
            input_height = input_array.shape[0]
            padded_array = np.zeros((
                input_height + 2 * zp,
                input_width + 2 * zp))
            padded_array[zp : zp + input_height,
                zp : zp + input_width] = input_array
            return padded_array
```

### 4. 卷积层反向传播算法的实现

下面介绍卷积层的核心算法——反向传播算法，需要完成以下几个任务：将误差项传递

到上一层；计算每个参数的梯度；更新参数。

（1）以下代码都是在 ConvLayer 类中实现的，将误差项传递到上一层：

```python
def bp_sensitivity_map(self, sensitivity_array,
                       activator):
    '''
    计算传递到上一层的 sensitivity map
    sensitivity_array: 本层的 sensitivity map
    activator: 上一层的激活函数
    '''
    # 处理卷积步长，对原始 sensitivity map 进行扩展
    expanded_array = self.expand_sensitivity_map(
        sensitivity_array)
    # full 卷积，对 sensitivitiy map 进行 zero padding
    # 虽然原始输入的 zero padding 单元也会获得残差
    # 但这个残差不需要继续向上传递，因此就不计算了
    expanded_width = expanded_array.shape[2]
    zp = (self.input_width +
        self.filter_width - 1 - expanded_width) / 2
    padded_array = padding(expanded_array, zp)
    # 初始化 delta_array，用于保存传递到上一层的 sensitivity map
    self.delta_array = self.create_delta_array()
    # 对于具有多个卷积核的卷积层来说，最终传递到上一层的 sensitivity map 相当于所
    # 有的卷积核的 sensitivity map 之和
    for f in range(self.filter_number):
        filter = self.filters[f]
        # 将卷积核的权重翻转 180°
        flipped_weights = np.array(map(
            lambda i: np.rot90(i, 2),
            filter.get_weights()))
        # 计算与一个卷积核对应的 delta_array
        delta_array = self.create_delta_array()
        for d in range(delta_array.shape[0]):
            conv(padded_array[f], flipped_weights[d],
                delta_array[d], 1, 0)
        self.delta_array += delta_array
    # 将计算结果与激活函数的偏导数做 element-wise 乘法操作
```

```
derivative_array = np.array(self.input_array)
element_wise_op(derivative_array,
                activator.backward)
self.delta_array *= derivative_array
```

（2）expand_sensitivity_map 函数实现将 sensitivity map 还原为步长为 1 的 sensitivity map，代码如下：

```
def expand_sensitivity_map(self, sensitivity_array):
    depth = sensitivity_array.shape[0]
    # 确定扩展后 sensitivity map 的大小
    # 计算 stride 为 1 时 sensitivity map 的大小
    expanded_width = (self.input_width -
        self.filter_width + 2 * self.zero_padding + 1)
    expanded_height = (self.input_height -
        self.filter_height + 2 * self.zero_padding + 1)
    # 构建新的 sensitivity map
    expand_array = np.zeros((depth, expanded_height,
                    expanded_width))
    # 从原始 sensitivity map 复制误差值
    for i in range(self.output_height):
        for j in range(self.output_width):
            i_pos = i * self.stride
            j_pos = j * self.stride
            expand_array[:,i_pos,j_pos] = \
                sensitivity_array[:,i,j]
    return expand_array
```

其中，传递到上一层 sensitivity map 的数组用 create_delta_array 函数来创建：

```
def create_delta_array(self):
    return np.zeros((self.channel_number,
        self.input_height, self.input_width))
```

（3）计算梯度的代码实现如下：

```
def bp_gradient(self, sensitivity_array):
    # 处理卷积步长，对原始 sensitivity map 进行扩展
    expanded_array = self.expand_sensitivity_map(
```

```
            sensitivity_array)
        for f in range(self.filter_number):
            # 计算每个权重的梯度
            filter = self.filters[f]
            for d in range(filter.weights.shape[0]):
                conv(self.padded_input_array[d],
                    expanded_array[f],
                    filter.weights_grad[d], 1, 0)
            # 计算偏置项的梯度
            filter.bias_grad = expanded_array[f].sum()
```

（4）按照梯度下降算法更新参数的代码实现如下：

```
    def update(self):
        '''
        按照梯度下降算法更新参数
        '''
        for filter in self.filters:
            filter.update(self.learning_rate)
```

（5）卷积层的梯度检查。为了代码实现的正确性，必须对卷积层进行梯度检查，具体实现如下：

```
    def init_test():
        a = np.array(
            [[[0,1,1,0,2],
              [2,2,2,2,1],
              [1,0,0,2,0],
              [0,1,1,0,0],
              [1,2,0,0,2]],
             [[1,0,2,2,0],
              [0,0,0,2,0],
              [1,2,1,2,1],
              [1,0,0,0,0],
              [1,2,1,1,1]],
             [[2,1,2,0,0],
              [1,0,0,1,0],
              [0,2,1,0,1],
              [0,1,2,2,2],
              [2,1,0,0,1]]])
```

```
            b = np.array(
                [[[0,1,1],
                  [2,2,2],
                  [1,0,0]],
                 [[1,0,2],
                  [0,0,0],
                  [1,2,1]]])
            cl = ConvLayer(5,5,3,3,3,2,1,2,IdentityActivator(),0.001)
            cl.filters[0].weights = np.array(
                [[[-1,1,0],
                  [0,1,0],
                  [0,1,1]],
                 [[-1,-1,0],
                  [0,0,0],
                  [0,-1,0]],
                 [[0,0,-1],
                  [0,1,0],
                  [1,-1,-1]]], dtype=np.float64)
            cl.filters[0].bias=1
            cl.filters[1].weights = np.array(
                [[[1,1,-1],
                  [-1,-1,1],
                  [0,-1,1]],
                 [[0,1,0],
                  [-1,0,-1],
                  [-1,1,0]],
                 [[-1,0,0],
                  [-1,0,1],
                  [-1,0,0]]], dtype=np.float64)
        return a, b, cl
    def gradient_check():
        '''
        梯度检查
        '''
        # 设计一个误差函数，取所有节点输出项之和
        error_function = lambda o: o.sum()
        # 计算 forward 值
        a, b, cl = init_test()
```

```
cl.forward(a)
# 求取 sensitivity map, 其是一个全 1 数组
sensitivity_array = np.ones(cl.output_array.shape,
                            dtype=np.float64)
# 计算梯度
cl.backward(a, sensitivity_array,
            IdentityActivator())
# 检查梯度
epsilon = 10e-4
for d in range(cl.filters[0].weights_grad.shape[0]):
    for i in range(cl.filters[0].weights_grad.shape[1]):
        for j in range(cl.filters[0].weights_grad.shape[2]):
            cl.filters[0].weights[d,i,j] += epsilon
            cl.forward(a)
            err1 = error_function(cl.output_array)
            cl.filters[0].weights[d,i,j] -= 2*epsilon
            cl.forward(a)
            err2 = error_function(cl.output_array)
            expect_grad = (err1 - err2) / (2 * epsilon)
            cl.filters[0].weights[d,i,j] += epsilon
            print 'weights(%d,%d,%d): expected - actural %f - %f' % (
                d, i, j, expect_grad, cl.filters[0].weights_grad[d,i,j])
```

运行上面梯度检查的代码，在所得到的输出中，若期望的梯度和实际计算出的梯度一致，则证明代码实现确实是正确的。

以上就是反向传播算法卷积层的实现。

### 2.5.3 Max Pooling 层的实现

Max Pooling 层的实现相对简单，全部代码如下：

```
class MaxPoolingLayer(object):
    def __init__(self, input_width, input_height,
                 channel_number, filter_width,
                 filter_height, stride):
        self.input_width = input_width
        self.input_height = input_height
        self.channel_number = channel_number
        self.filter_width = filter_width
```

```
                  self.filter_height = filter_height
                  self.stride = stride
                  self.output_width = (input_width -
                      filter_width) / self.stride + 1
                  self.output_height = (input_height -
                      filter_height) / self.stride + 1
                  self.output_array = np.zeros((self.channel_number,
                      self.output_height, self.output_width))
          def forward(self, input_array):
              for d in range(self.channel_number):
                  for i in range(self.output_height):
                      for j in range(self.output_width):
                          self.output_array[d,i,j] = (
                              get_patch(input_array[d], i, j,
                                  self.filter_width,
                                  self.filter_height,
                                  self.stride).max())
          def backward(self, input_array, sensitivity_array):
              self.delta_array = np.zeros(input_array.shape)
              for d in range(self.channel_number):
                  for i in range(self.output_height):
                      for j in range(self.output_width):
                          patch_array = get_patch(
                              input_array[d], i, j,
                              self.filter_width,
                              self.filter_height,
                              self.stride)
                          k, l = get_max_index(patch_array)
                          self.delta_array[d,
                              i * self.stride + k,
                              j * self.stride + l] = \
                              sensitivity_array[d,i,j]
```

至此，已经拥有了实现一个简单的卷积神经网络所需要的基本组件。

对于卷积神经网络，现在有很多优秀的开源实现，因此并不需要真的自己去实现一个。本书中展现出这些代码，是为了让我们更好地了解卷积神经网络的基本原理。

## 2.6　网络参数调整或微调

当数据量较小时，想要使用已经训练好的网络，避免出现过拟合问题，可以使用 Fine-tuning 方法，使模型快速收敛到一个较理想的状态，省时又省力。流程如下：

（1）准备训练数据和测试数据，并进行预处理；

（2）复用相同层的参数，新的层参数取随机初始值；

（3）调整学习率和步长等参数，增大新层的学习率，减小复用层的学习率；

（4）修改最后几层的参数，并增大学习率。

# 框 架 篇

# 第3章

# 图像分类及目标检测

## 3.1 图像分类简介

图像分类任务实质上就是从给定的类别集合中为图像分配对应标签的任务。

如果类别集合是"classification = {people, balloon, car}",我们提供一张图 3.1 所示的图片给分类模型,分类模型就会给图像分配多个标签,其中每个标签对应的概率值不一样,如 balloon:93%、car:5%、people:2%;分类模型根据概率值的大小将该图片分类为 balloon,图像分类的目标也就达到了。

常用的数据集有 MNIST 数据集、CIFAR-10、CIFAR-100、ImageNet。

### 1. MNIST 数据集

MNIST 数据集的标签是介于 0~9 的数字,该数据集的训练集有 6 万张图片,测试集有 1 万张图片,10 个类别、图像大小为 28×28×1(宽为 28、高为 28、通道数为 1)。通过 paddle.vision. datasets.MNIST API 设置数据读取器,代码如下所示:

```
# 设置数据读取器，API 自动读取 MNIST 数据训练集
train_dataset = paddle.vision.datasets.MNIST(mode='train')
```

图 3.1　气球

我们随机选择几张图像进行展示，见图 3.2。

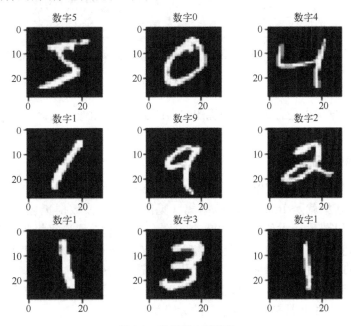

图 3.2　手写数字数据集

## 2．CIFAR-10 和 CIFAR-100 数据集

CIFAR-10 数据集有 5 万张训练图像、1 万张测试图像、10 个类别，每个类别有 6000 张图像，图像大小为 32×32×3。图 3.3 列举了 10 个类别，每一类别随机展示了 10 张图片。

图 3.3　CIFAR-10 数据集

CIFAR-100 数据集也是有 5 万张训练图像、1 万张测试图像，包含 100 个类别，图像大小为 32×32×3。

## 3．ImageNet 数据集

在计算机视觉领域的 ILSVRC（ImageNet Large-Scale Visual Recognition Challenge）竞赛中，所用的数据集就是 ImageNet 数据集（见图 3.4），该数据集包含了超过 1400 万张所有尺寸的有标记图片，大约有 22000 个类别。ILSVRC 是计算机视觉领域最受欢迎、最具权威的学术竞赛之一，这项比赛的获胜者从 2012 年开始都采用深度学习的方法：

- 2012 年的冠军是 AlexNet，亚军采用了传统的方法；而 AlexNet 采用深度学习的方法，其准确率远超亚军，引起了很大的轰动。自此之后，CNN 成为图像识别分类的核心算法模型，由此带来了深度学习的大爆发。

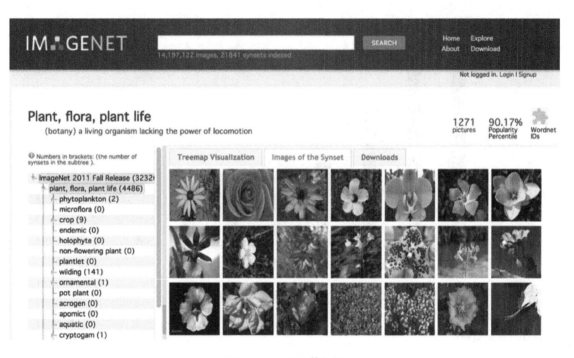

图 3.4　ImageNet 数据集

- 2013 年的冠军是 ZFNet，其结构和 AlexNet 区别不大，分类效果也差不多。
- 2014 年的亚军是 VGG 网络，其网络结构十分简单，因此 VGG16 至今仍在广泛使用。
- 2014 年的冠军是 GoogLeNet，其核心模块是 Inception Module。Inception 历经了 V1、V2、V3、V4 等多个版本的发展，不断趋于完善。
- 2015 年的冠军是 ResNet。人类目前普遍认知分类的错误率为 5%左右，而 ResNet 首次将错误率降低到人类的错误率之下。它的核心是带短连接的残差模块，其中主路径有两层卷积核（Res34），短连接把模块的输入信息直接和经过两次卷积之后的信息融合，相当于加了一个恒等变换。短连接是深度学习又一重要思想，除计算机视觉外，短连接思想也被用到机器翻译、语音识别/合成领域。
- 2017 年的冠军 SENet 是一个模块，它可以和其他的网络架构结合，如 GoogLeNet、ResNet 等。

图 3.5 中的分类网络都比较经典，特别是 VGG、GoogLeNet 和 ResNet，现在仍然在广泛使用，接下来我们会对这些网络进行逐一介绍。

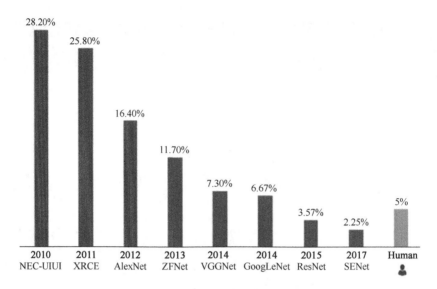

图 3.5　经典图像分类网络

### 3.1.1　AlexNet

2012 年，AlexNet 首先进入人们视野，该网络的名字源于论文第一作者的名字 Alex Krizhevsky，见图 3.6。AlexNet 使用 8 层卷积神经网络，它以很大的优势赢得了 ImageNet 2012 图像识别挑战赛。它首次证明了学习到的特征可以超越手工设计的特征，从而一举打破计算机视觉研究的方向。

Alex Krizhevsky

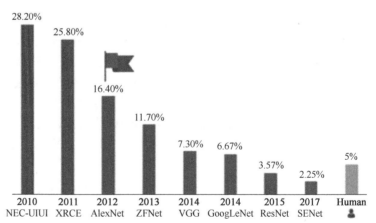

图 3.6　AlexNet

AlexNet 与 LeNet 的设计理念非常相似，但也有显著的区别，其网络架构如图 3.7 所示。
AlexNet 的特点如下所示：

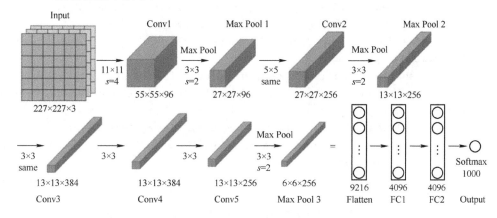

图 3.7　AlexNet 的网络结构

- AlexNet 的总体设计是 5 层卷积层（Conv1～Conv5）后接 2 层全连接层（FC1～FC2），最后输出（Output）是 1 个全连接层。
- AlexNet 第一层中的卷积核大小是 11×11，有 96 个卷积核，第二层中的卷积核大小减小到 5×5，之后全采用 3×3 的卷积核。所有的池化层（Max Pool 1～Max Pool 3）窗口大小为 3×3，步幅为 2。
- AlexNet 采用的激活函数的 ReLU 函数，网络更加容易训练，参数量减少。
- AlexNet 通过 "随机失活"（Dropout）来控制全连接层的模型复杂度。
- AlexNet 采用大量的图像增强功能，如翻转、裁剪和颜色变化，从而进一步扩大数据集来缓解过拟合。

在 PaddlePaddle 中实现 AlexNet 网络：

```
# -*- coding:utf-8 -*-
# 导入需要的包
import paddle
import numpy as np
from paddle.nn import Conv2D, MaxPool2D, Linear, Dropout
## 组网
import paddle.nn.functional as F

# 定义 AlexNet 网络结构
class AlexNet(paddle.nn.Layer):
```

```
        def__init__(self, num_classes=1):
            super(AlexNet, self).__init__()
            # AlexNet 与 LeNet 一样，也会同时使用卷积层和池化层提取图像特征
            # 与 LeNet 不同的是，激活函数换成了 ReLU 函数
            self.conv1 = Conv2D(in_channels=3, out_channels=96, kernel_
size= 11, stride=4, padding=5)
            self.max_pool1 = MaxPool2D(kernel_size=2, stride=2)
            self.conv2 = Conv2D(in_channels=96, out_channels=256, kernel_
size= 5, stride=1, padding=2)
            self.max_pool2 = MaxPool2D(kernel_size=2, stride=2)
            self.conv3 = Conv2D(in_channels=256, out_channels=384, kernel_
size=3, stride=1, padding=1)
            self.conv4 = Conv2D(in_channels=384, out_channels=384, kernel_
size=3, stride=1, padding=1)
            self.conv5 = Conv2D(in_channels=384, out_channels=256, kernel_
size=3, stride=1, padding=1)
            self.max_pool5 = MaxPool2D(kernel_size=2, stride=2)

            self.fc1 = Linear(in_features=12544, out_features=4096)
            self.drop_ratio1 = 0.5
            self.drop1 = Dropout(self.drop_ratio1)
            self.fc2 = Linear(in_features=4096, out_features=4096)
            self.drop_ratio2 = 0.5
            self.drop2 = Dropout(self.drop_ratio2)
            self.fc3 = Linear(in_features=4096, out_features=num_classes)

        def forward(self, x):
            x = self.conv1(x)
            x = F.relu(x)
            x = self.max_pool1(x)
            x = self.conv2(x)
            x = F.relu(x)
            x = self.max_pool2(x)
            x = self.conv3(x)
            x = F.relu(x)
            x = self.conv4(x)
            x = F.relu(x)
            x = self.conv5(x)
            x = F.relu(x)
```

```
            x = self.max_pool5(x)
            x = paddle.reshape(x, [x.shape[0], -1])
            x = self.fc1(x)
            x = F.relu(x)
            # 在全连接之后使用 Dropout 抑制过拟合
            x = self.drop1(x)
            x = self.fc2(x)
            x = F.relu(x)
            # 在全连接之后使用 Dropout 抑制过拟合
            x = self.drop2(x)
            x = self.fc3(x)
            return x
    model = AlexNet()
```

## 3.1.2　VGG

继 AlexNet 之后，谷歌公司和牛津大学合作研发，做出了效果更好的卷积神经网络 VGG，并在 2014 年取得了 ILSVRC 比赛分类网络的亚军（见图 3.8）。VGG 相比于之前网络的改进是使用很小的卷积核（3×3）构建卷积神经网络，意味着它能够在很大程度上减小参数量，取得较好的识别精度。常用的两种网络是 VGG16 和 VGG19。

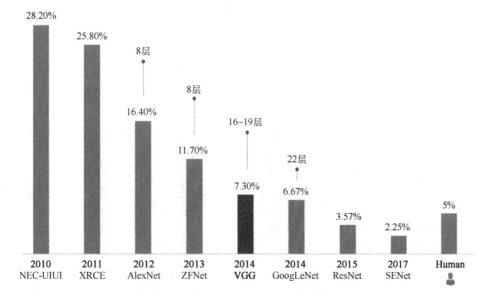

图 3.8　VGG

VGG 可以看作加深版的 AlexNet，整个网络由卷积层和全连接层构成。和 AlexNet 不同的是，VGG 中使用的都是小尺寸的卷积核，其网络架构如图 3.9 所示。

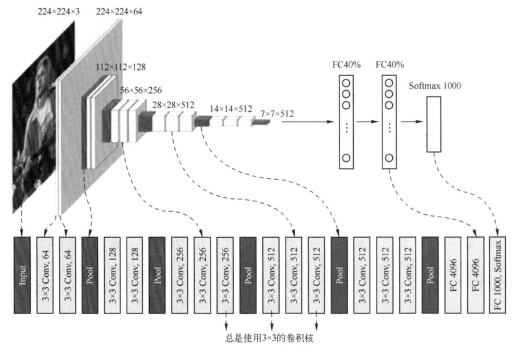

图 3.9　VGG 网络架构

VGG 网络不再使用大的卷积核，而是采用小的卷积核（如 3×3 的卷积核和 2×2 的池化核），进而达到加深网络的效果。VGG 可以定义简单的基础块，并通过重复使用来构建深度模型。VGG 网络结构的分解如图 3.10 所示。

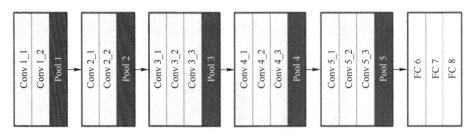

图 3.10　VGG 网络结构的分解

在 PaddlePaddle 中实现 VGG 网络。以下代码实现的是基础的 VGG 块，它的构成是连续使用多个相同的填充为 1、卷积核大小为 3×3 的卷积层后接一个步长为 2、窗口大小为 2×2 的最大池化层，其中卷积层保持输入的高和宽不变，而池化层则令高和宽减半：

```python
# -*- coding:utf-8 -*-
# VGG 模型代码
import numpy as np
import paddle
from paddle.nn import Conv2D, MaxPool2D, BatchNorm2D, Linear
# 定义 VGG 网络
class VGG(paddle.nn.Layer):
    def __init__(self):
        super(VGG, self).__init__()
        in_channels = [3, 64, 128, 256, 512, 512]
        # 定义第一个块，包含两个卷积层
        self.conv1_1 = Conv2D(in_channels=in_channels[0], out_channels=
in_channels[1], kernel_size=3, padding=1, stride=1)
        self.conv1_2 = Conv2D(in_channels=in_channels[1], out_channels=
in_channels[1], kernel_size=3, padding=1, stride=1)
        # 定义第二个块，包含两个卷积层
        self.conv2_1 = Conv2D(in_channels=in_channels[1], out_channels=
in_channels[2], kernel_size=3, padding=1, stride=1)
        self.conv2_2 = Conv2D(in_channels=in_channels[2], out_channels=
in_channels[2], kernel_size=3, padding=1, stride=1)
        # 定义第三个块，包含三个卷积层
        self.conv3_1 = Conv2D(in_channels=in_channels[2], out_channels=
in_channels[3], kernel_size=3, padding=1, stride=1)
        self.conv3_2 = Conv2D(in_channels=in_channels[3], out_channels=
in_channels[3], kernel_size=3, padding=1, stride=1)
        self.conv3_3 = Conv2D(in_channels=in_channels[3], out_channels=
in_channels[3], kernel_size=3, padding=1, stride=1)
        # 定义第四个块，包含三个卷积层
        self.conv4_1 = Conv2D(in_channels=in_channels[3], out_channels=
in_channels[4], kernel_size=3, padding=1, stride=1)
        self.conv4_2 = Conv2D(in_channels=in_channels[4], out_channels=
in_channels[4], kernel_size=3, padding=1, stride=1)
        self.conv4_3 = Conv2D(in_channels=in_channels[4], out_channels=
in_channels[4], kernel_size=3, padding=1, stride=1)
        # 定义第五个块，包含三个卷积层
        self.conv5_1 = Conv2D(in_channels=in_channels[4], out_channels=
```

```
in_channels[5], kernel_size=3, padding=1, stride=1)
            self.conv5_2 = Conv2D(in_channels=in_channels[5], out_channels=
in_channels[5], kernel_size=3, padding=1, stride=1)
            self.conv5_3 = Conv2D(in_channels=in_channels[5], out_channels=
in_channels[5], kernel_size=3, padding=1, stride=1)
            # 使用 Sequential 将全连接层和 ReLU 组成一个线性结构（fc+relu）
            # 当输入为 224x224 时，经过五个卷积层和池化层后，特征维度变为 512x7x7
            self.fc1 = paddle.nn.Sequential(paddle.nn.Linear(512 * 7 * 7,
4096), paddle.nn.ReLU())
            self.drop1_ratio = 0.5
            self.dropout1 = paddle.nn.Dropout(self.drop1_ratio, mode=
'upscale_in_train')
            # 使用 Sequential 将全连接层和 ReLU 组成一个线性结构
            self.fc2 = paddle.nn.Sequential(paddle.nn.Linear(4096, 4096),
paddle.nn.ReLU())
            self.drop2_ratio = 0.5
            self.dropout2 = paddle.nn.Dropout(self.drop2_ratio, mode=
'upscale_in_train')
            self.fc3 = paddle.nn.Linear(4096, 1)
            self.relu = paddle.nn.ReLU()
            self.pool = MaxPool2D(stride=2, kernel_size=2)

        def forward(self, x):
            x = self.relu(self.conv1_1(x))
            x = self.relu(self.conv1_2(x))
            x = self.pool(x)

            x = self.relu(self.conv2_1(x))
            x = self.relu(self.conv2_2(x))
            x = self.pool(x)

            x = self.relu(self.conv3_1(x))
            x = self.relu(self.conv3_2(x))
            x = self.relu(self.conv3_3(x))
            x = self.pool(x)

            x = self.relu(self.conv4_1(x))
            x = self.relu(self.conv4_2(x))
            x = self.relu(self.conv4_3(x))
```

```
            x = self.pool(x)

            x = self.relu(self.conv5_1(x))
            x = self.relu(self.conv5_2(x))
            x = self.relu(self.conv5_3(x))
            x = self.pool(x)

            x = paddle.flatten(x, 1, -1)
            x = self.dropout1(self.relu(self.fc1(x)))
            x = self.dropout2(self.relu(self.fc2(x)))
            x = self.fc3(x)
            return x
model = VGG()
```

### 3.1.3　GoogLeNet

GoogLeNet 为了致敬 LeNet，给自己取名 GoogLeNet，而不是 GoogleNet。之前的网络都是通过加深层数来达到更好的效果的，而 GoogLeNet 在结构上有了新的突破，引入了一个叫作 Inception 的结构来代替之前的"卷积+激活"的经典结构。2014 年，GoogLeNet 在比赛上取得了比 VGG 更好的成绩。

GoogLeNet 中的基础卷积块叫作 Inception 块，其结构如图 3.11 所示。

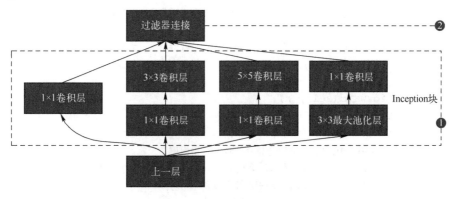

图 3.11　Inception 块的结构

Inception 块里总共有 4 条支路。前 3 条支路先使用尺寸为 1×1、3×3 和 5×5 的卷积层来抽取不同尺度下的信息，其中中间 2 条支路会对输入先做 1×1 的卷积来减少输入通道数，以降低模型复杂度。第 4 条支路则先使用 3×3 的最大池化层，而后接 1×1 的卷积层。4 条支路通过填充使输入与输出的高度和宽度一致。最后，合并每条支路的输出通道数，并向后进行传输。

在 PaddlePaddle 中实现 Inception 块，各个卷积层卷积核的个数通过输入参数来控制，如下所示：

```python
# GoogLeNet 模型代码
import numpy as np
import paddle
from paddle.nn import Conv2D, MaxPool2D, AdaptiveAvgPool2D, Linear
## 组网
import paddle.nn.functional as F
# 定义 Inception 块
class Inception(paddle.nn.Layer):
    def __init__(self, c0, c1, c2, c3, c4, **kwargs):
        super(Inception, self).__init__()
        # 依次创建 Inception 块每条支路上使用到的操作
        self.p1_1 = Conv2D(in_channels=c0,out_channels=c1, kernel_size=1)
        self.p2_1 = Conv2D(in_channels=c0,out_channels=c2[0], kernel_size=1)
        self.p2_2 = Conv2D(in_channels=c2[0],out_channels=c2[1], kernel_size=3, padding=1)
        self.p3_1 = Conv2D(in_channels=c0,out_channels=c3[0], kernel_size=1)
        self.p3_2 = Conv2D(in_channels=c3[0],out_channels=c3[1], kernel_size=5, padding=2)
        self.p4_1 = MaxPool2D(kernel_size=3, stride=1, padding=1)
        self.p4_2 = Conv2D(in_channels=c0,out_channels=c4, kernel_size=1)

    def forward(self, x):
        # 支路 1 只包含一个 1x1 的卷积层
        p1 = F.relu(self.p1_1(x))
        # 支路 2 包含 1x1 的卷积层和 3x3 的卷积层
        p2 = F.relu(self.p2_2(F.relu(self.p2_1(x))))
        # 支路 3 包含 1x1 的卷积层和 5x5 的卷积层
        p3 = F.relu(self.p3_2(F.relu(self.p3_1(x))))
        # 支路 4 包含最大池化层和 1x1 的卷积层
        p4 = F.relu(self.p4_2(self.p4_1(x)))
        # 将每条支路的输出特征图拼接在一起作为最终的输出结果
        return paddle.concat([p1, p2, p3, p4], axis=1)
```

GoogLeNet 网络主要由 Inception 块构成，其结构如图 3.12 所示。

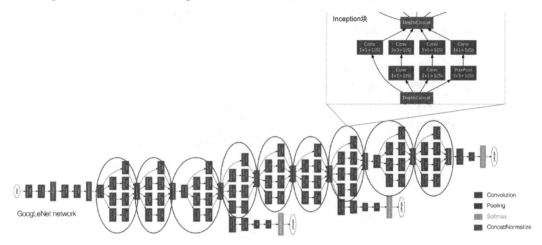

图 3.12 GoogLeNet 网络结构

整个网络分为 5 个模块，从左至右以竖线划分，每个模块之间使用步幅为 2 的 3×3 的最大池化层来减小输出高和宽，如图 3.13 所示。

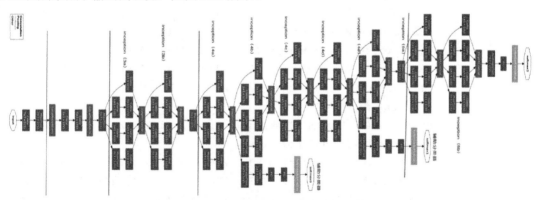

图 3.13 GoogLeNet 网络结构的分解

整体实现 GoogLeNet 的代码如下：

```
class GoogLeNet(paddle.nn.Layer):
    def __init__(self):
        super(GoogLeNet, self).__init__()
        # GoogLeNet 包含 5 个模块，每个模块后面紧跟一个池化层
```

```
        # 第一个模块包含 1 个卷积层
        self.conv1 = Conv2D(in_channels=3,out_channels=64, kernel_
size=7, padding=3, stride=1)
        # 3×3 最大池化层
        self.pool1 = MaxPool2D(kernel_size=3, stride=2, padding=1)
        # 第二个模块包含 2 个卷积层
        self.conv2_1 = Conv2D(in_channels=64,out_channels=64, kernel_
size=1, stride=1)
        self.conv2_2 = Conv2D(in_channels=64,out_channels=192, kernel_
size=3, padding=1, stride=1)
        # 3×3 最大池化层
        self.pool2 = MaxPool2D(kernel_size=3, stride=2, padding=1)
        # 第三个模块包含 2 个 Inception 块
        self.block3_1 = Inception(192, 64, (96, 128), (16, 32), 32)
        self.block3_2 = Inception(256, 128, (128, 192), (32, 96), 64)
        # 3×3 最大池化层
        self.pool3 = MaxPool2D(kernel_size=3, stride=2, padding=1)
        # 第四个模块包含 5 个 Inception 块
        self.block4_1 = Inception(480, 192, (96, 208), (16, 48), 64)
        self.block4_2 = Inception(512, 160, (112, 224), (24, 64), 64)
        self.block4_3 = Inception(512, 128, (128, 256), (24, 64), 64)
        self.block4_4 = Inception(512, 112, (144, 288), (32, 64), 64)
        self.block4_5 = Inception(528, 256, (160, 320), (32, 128), 128)
        # 3×3 最大池化层
        self.pool4 = MaxPool2D(kernel_size=3, stride=2, padding=1)
        # 第五个模块包含 2 个 Inception 块
        self.block5_1 = Inception(832, 256, (160, 320), (32, 128), 128)
        self.block5_2 = Inception(832, 384, (192, 384), (48, 128), 128)
        # 全局池化, 用的是 global_pooling, 不需要设置 pool_stride
        self.pool5 = AdaptiveAvgPool2D(output_size=1)
        self.fc = Linear(in_features=1024, out_features=1)

    def forward(self, x):
        x = self.pool1(F.relu(self.conv1(x)))
        x = self.pool2(F.relu(self.conv2_2(F.relu(self.conv2_1(x)))))
        x = self.pool3(self.block3_2(self.block3_1(x)))
```

```
        x = self.block4_3(self.block4_2(self.block4_1(x)))
        x = self.pool4(self.block4_5(self.block4_4(x)))
        x = self.pool5(self.block5_2(self.block5_1(x)))
        x = paddle.reshape(x, [x.shape[0], -1])
        x = self.fc(x)
        return x
model = GoogLeNet()
```

### 3.1.4　ResNet

　　按照理论来说，随着网络的加深，我们得到的特征和信息也就越丰富。但是在多次的实验中，随着网络的加深，优化效果反而不如之前了，训练集和测试集的准确率反而降低了，如图 3.14 所示。这里的主要原因是：深的层数会导致梯度爆炸或者梯度消失等问题。

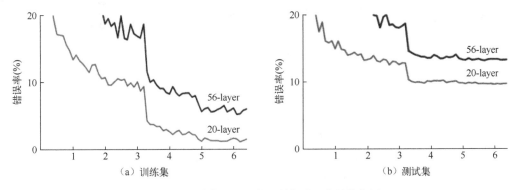

（a）训练集　　　　　　　　　　　　　　　（b）测试集

图 3.14　训练集和测试集层数与错误率的变化图

　　为了解决这种很深层的网络优化问题，何恺明（见图 3.15）。等人进而提出了新的网络：残差网络（ResNet），并且在 2015 年的 ImageNet 图像识别挑战赛中获得冠军，大幅度降低了网络分类识别的错误率，并深刻影响了后来的深度神经网络的设计。

　　ResNet 的主要贡献是提出了残差块，我们现在给出一个公式：$F(x)$代表某个只包含有两层的映射函数，$x$ 是输入，$F(x)$是输出。如果它们具有相同的维度。在训练的过程中我们希望能够通过修改网络中的 $w$ 和 $b$ 去拟合一个理想的 $H(x)$（从输入到输出的一个理想的映射函数）。也就是我们的目标是修改 $F(x)$中的 $w$ 和 $b$ 逼近 $H(x)$。如果我们将等式移项，用 $F(x)$ 来逼近 $H(x)-x$，那么我们最终得到的输出就变为 $F(x)+x$（这里的"+"指的是对应位置上的元素相加，也就是 Element-Wise Addition），这里将直接从输入连接到输出的结构称为短连接

（Shortcut），那整个结构就是残差块，其是 ResNet 的基础模块（见图 3.16）。残差块的结构保证了下一层的优化效果至少不会比上一层的差，这也是为什么 ResNet 的网络层数这么深却有更好效果的原因。

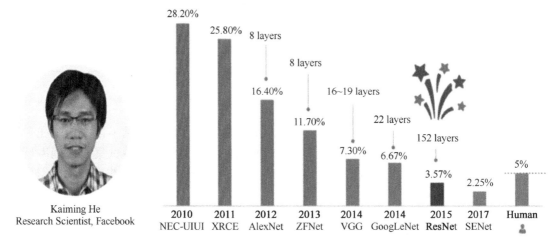

图 3.15 ResNet

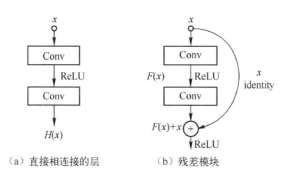

图 3.16 残差块的结构

如图 3.17（a）所示，残差块由 2 个卷积层相连，它们的大小都是 3×3。每个卷积层后接 Batch Norm（BN）层和 ReLU 激活函数，然后将输入直接加在最后的 ReLU 激活函数前，这种结构用于层数较少的神经网络中，如 ResNet34。如图 3.17（b）所示，1×1 卷积层的作用是调整输入的通道数（可以减少通道数），这种结构也叫作瓶颈模块，通常用于网络层数较多的结构中。

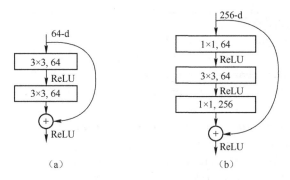

图 3.17　残差块示意图

实现残差块的代码如下：

```
# -*- coding:utf-8 -*-
# ResNet 模型代码
import numpy as np
import paddle
import paddle.nn as nn
import paddle.nn.functional as F


# ResNet 中使用了 Batch Norm 层，在卷积层的后面加上 Batch Norm 层以提升数值的稳
定性
# 定义卷积批归一化块
class ConvBNLayer(paddle.nn.Layer):
    def __init__(self,
                num_channels,
                num_filters,
                filter_size,
                stride=1,
                groups=1,
                act=None):
        """
        num_channels, 卷积层的输入通道数
        num_filters, 卷积层的输出通道数
        stride, 卷积层的步幅
        groups, 分组卷积的组数，默认 groups=1 不使用分组卷积
        """
        super(ConvBNLayer, self).__init__()
```

```
        # 创建卷积层
        self._conv = nn.Conv2D(
            in_channels=num_channels,
            out_channels=num_filters,
            kernel_size=filter_size,
            stride=stride,
            padding=(filter_size - 1) // 2,
            groups=groups,
            bias_attr=False)
        # 创建 Batch Norm 层
        self._batch_norm = paddle.nn.BatchNorm2D(num_filters)
        self.act = act
    def forward(self, inputs):
        y = self._conv(inputs)
        y = self._batch_norm(y)
        if self.act == 'leaky':
            y = F.leaky_relu(x=y, negative_slope=0.1)
        elif self.act == 'relu':
            y = F.relu(x=y)
        return y
# 定义残差块
# 每个残差块会对输入图片做 3 次卷积，然后跟输入图片进行短接
# 如果残差块中第三次卷积输出特征图的形状与输入不一致，则对输入图片做 1x1 卷积，将其
输出形状调整成一致
class BottleneckBlock(paddle.nn.Layer):
    def __init__(self,
                num_channels,
                num_filters,
                stride,
                shortcut=True):
        super(BottleneckBlock, self).__init__()
        # 创建第一个卷积层 1x1
        self.conv0 = ConvBNLayer(
            num_channels=num_channels,
            num_filters=num_filters,
            filter_size=1,
            act='relu')
        # 创建第二个卷积层 3x3
        self.conv1 = ConvBNLayer(
```

```
                num_channels=num_filters,
                num_filters=num_filters,
                filter_size=3,
                stride=stride,
                act='relu')
            # 创建第三个卷积 1x1，但输出通道数乘以 4
            self.conv2 = ConvBNLayer(
                num_channels=num_filters,
                num_filters=num_filters * 4,
                filter_size=1,
                act=None)
            # 如果 conv2 的输出跟此残差块的输入数据形状一致，则 shortcut=True
            # 否则 shortcut = False，添加 1 个 1x1 的卷积作用在输入数据上，使其形状变
成跟 conv2 一致
            if not shortcut:
                self.short = ConvBNLayer(
                    num_channels=num_channels,
                    num_filters=num_filters * 4,
                    filter_size=1,
                    stride=stride)
            self.shortcut = shortcut
            self._num_channels_out = num_filters * 4

    def forward(self, inputs):
        y = self.conv0(inputs)
        conv1 = self.conv1(y)
        conv2 = self.conv2(conv1)

        # 如果 shortcut=True，直接将 inputs 跟 conv2 的输出相加
        # 否则需要对 inputs 进行一次卷积，将形状调整成跟 conv2 输出一致
        if self.shortcut:
            short = inputs
        else:
            short = self.short(inputs)

        y = paddle.add(x=short, y=conv2)
        y = F.relu(y)
        return y
```

ResNet 的网络结构如图 3.18 所示。

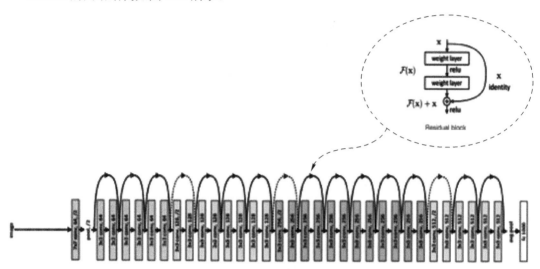

图 3.18　ResNet 的网络结构

ResNet 其实就是由很多的残差块组合而成的。通道数相同的残差块组合在一起，总体上可以将整个网络分成几个模块。除了第一个模块，其他模块在第一个残差块里将之前模块的通道数乘 2，并减半它的宽高，而第一个模块因为使用了最大池化层，所以无须减小高和宽。下面我们来实现这些模块：

```python
# 定义 ResNet 模型
class ResNet(paddle.nn.Layer):
    def __init__(self, layers=50, class_dim=1):
        """
        layers, 网络层数, 可以是 50、101 或者 152
        class_dim, 分类标签的类别数
        """
        super(ResNet, self).__init__()
        self.layers = layers
        supported_layers = [50, 101, 152]
        assert layers in supported_layers, \
            "supported layers are {} but input layer is {}".format
(supported_layers, layers)
        if layers == 50:
            #ResNet50 包含多个模块，其中第 2 到第 5 个模块分别包含 3、4、6、3 个残差块
```

```
            depth = [3, 4, 6, 3]
        elif layers == 101:
            #ResNet101 包含多个模块，其中第 2 到第 5 个模块分别包含 3、4、23、3 个
残差块
            depth = [3, 4, 23, 3]
        elif layers == 152:
            #ResNet152 包含多个模块，其中第 2 到第 5 个模块分别包含 3、8、36、3 个
残差块
            depth = [3, 8, 36, 3]
        # 残差块中使用到的卷积的输出通道数
        num_filters = [64, 128, 256, 512]
        # ResNet 的第一个模块，包含 1 个 7x7 卷积，后面跟着 1 个最大池化层
        self.conv = ConvBNLayer(
            num_channels=3,
            num_filters=64,
            filter_size=7,
            stride=2,
            act='relu')
        self.pool2d_max = nn.MaxPool2D(
            kernel_size=3,
            stride=2,
            padding=1)
        # ResNet 的第 2 到第 5 个模块为 c2、c3、c4、c5
        self.bottleneck_block_list = []
        num_channels = 64
        for block in range(len(depth)):
            shortcut = False
            for i in range(depth[block]):
                # c3、c4、c5 的第一个残差块使用 stride=2；其余所有残差块 stride=1
                bottleneck_block = self.add_sublayer(
                    'bb_%d_%d'% (block, i),
                    BottleneckBlock(
                        num_channels=num_channels,
                        num_filters=num_filters[block],
                        stride=2 if i == 0 and block != 0 else 1,
                        shortcut=shortcut))
                num_channels = bottleneck_block._num_channels_out
                self.bottleneck_block_list.append(bottleneck_block)
                shortcut = True
```

```
                # 在 c5 的输出特征图上使用全局池化
                self.pool2d_avg = paddle.nn.AdaptiveAvgPool2D(output_size=1)
                # stdv 用作全连接层随机初始化参数的方差
                import math
                stdv = 1.0 / math.sqrt(2048 * 1.0)
                # 创建全连接层，输出大小为类别数目，经过残差网络的卷积和全局池化后
                # 卷积特征的维度是[B,2048,1,1]，故最后一层全连接的输入维度是 2048
                self.out = nn.Linear(in_features=2048, out_features=class_dim,
                            weight_attr=paddle.ParamAttr(
                                initializer=paddle.nn.initializer.Uniform(-stdv,
stdv)))
           def forward(self, inputs):
                y = self.conv(inputs)
                y = self.pool2d_max(y)
                for bottleneck_block in self.bottleneck_block_list:
                    y = bottleneck_block(y)
                y = self.pool2d_avg(y)
                y = paddle.reshape(y, [y.shape[0], -1])
                y = self.out(y)
                return y
        model = ResNet()
```

## 3.2　目标检测

目标检测（Object Detection）的目的是标注出图片里所有感兴趣的区域，并确定它们的类别和位置。目标检测中能检测出来的物体取决于当前任务需要检测的物体有哪些。也就是需要我们提前给定数据集，如果我们的目标检测模型定位是检测交通标志（红灯、绿灯、限速三种结果），那么模型对任何一张图片不会输出人、书籍等其他类型的结果。

图 3.19 和图 3.20 所示为单物体与多目标检测。

### 3.2.1　目标检测简介

目标检测的位置信息一般有两种格式［以图片左上角为原点(0,0)］表示。

（1）极坐标表示：$(x_{min}, y_{min}, x_{max}, y_{max})$。

● $x_{min}$、$y_{min}$：$x$、$y$ 坐标的最小值。

● $x_{max}$，$y_{max}$：$x$、$y$ 坐标的最大值。

图 3.19　单物体检测

图 3.20　多目标检测

（2）中心点坐标：(x_center，y_center，*w*，*h*)。

● x_center, y_center：目标检测框的中心点坐标。

● *w*，*h*：目标检测框的宽度、高度。

## 1. 常用数据集

经典的目标检测数据集有两种，即 PASCAL VOC 数据集和 MS COCO 数据集。

1）PASCAL VOC 数据集（简称 VOC 数据集）

VOC 数据集是目标检测领域经典的数据集，其总共有大概 10000 张带有边界框的图片用于训练和验证。VOC 数据集是目标检测领域里的一个基准，很多检测模型采用的都是 VOC 数据集格式，常用的是 VOC2007 和 VOC2012 这两个版本的数据，共 20 个类别，具体如下所示。

① 人：人。

② 动物：鸟、猫、牛、狗、马、羊。

③ 交通工具：飞机、自行车、船、公共汽车、汽车、摩托车、火车。

④ 室内：瓶子、椅子、餐桌、盆栽、沙发、电视/显示器。

VOC 数据集的文件夹架构如图 3.21 所示。其中：

（1）JPEGImages 存放图片文件。

（2）Annotations 存放的是 xml 文件，描述了图片信息，如图 3.22 所示。需要关注的是节点下的数据，尤其是 bndbox 下的数据。xmin 和 ymin 构成了边界框（bounding box）的左上角，xmax 和 ymax 构成了边界框（bounding box）的右下角，也就是图像中的目标位置信息。

图 3.21　VOC 数据集的文件夹架构

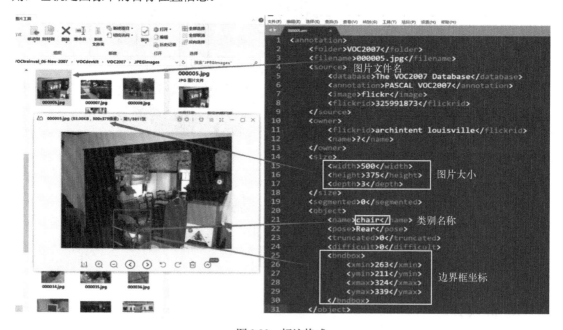

图 3.22　标注格式

（3）ImageSets 中包含以下 4 个文件夹。

① Action 文件夹中存放的是人的动作（如 running、jumping 等）。

② Layout 文件夹中存放的是具有人体部位的数据（如人的 head、hand、feet 等）。

③ Segmentation 文件夹中存放的是可用于分割的数据。

④ Main 文件夹中存放的是图像物体识别的数据，总共分为 20 类，这是进行目标检测的重点。该文件夹中的数据对负样本文件进行了描述，如图 3.23 所示。

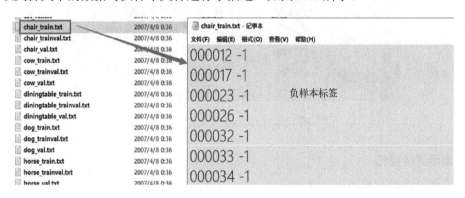

图 3.23　负样本文件

2）MS COCO 数据集（简称 COCO 数据集）

MS COCO 的全称是 Microsoft Common Objects in Context，是被微软公司投资后所标注的数据集，近年来也越来越受到欢迎。

COCO 数据集是包含物体检测、分割和字幕的数据集。图片有 91 个种类，约 328000 张图片和对应的 2500000 个标签值。通常这些数据都是从日常生活中采集到的，也包括了用于图像分割的标定数据集，是目前为止目标检测的最大数据集之一，COCO 数据集的数据量甚至超过了 ImageNet 数据集的数据量。COCO 数据集图像示例如图 3.24 所示。

COCO 数据集的标签文件记录了每个分割数据集和真实框的精确坐标，下面列出一个目标的标签文件：

```
    {"segmentation":[[392.87,  275.77,  402.24,  284.2,  382.54,  342.36,
375.99, 356.43, 372.23, 357.37, 372.23, 397.7, 383.48, 419.27,407.87, 439.91,
427.57,  389.25,  447.26,  346.11,  447.26,  328.29,  468.84,  290.77,472.59,
266.38], [429.44,465.23,  453.83,  473.67,  636.73,  474.61,  636.73,  392.07,
571.07,  364.88,  546.69,363.0]],  "area":  28458.996150000003,  "iscrowd":
0,"image_id": 503837, "bbox": [372.23, 266.38, 264.5,208.23], "category_id":
4, "id": 151109}
```

图 3.24　COCO 数据集图像示例

## 2. 常用评价指标

IoU：在目标检测算法中，交并比（IoU）可以评估两个矩形框重合的程度。IoU = 两个矩形框相交的面积/两个矩形框相并的面积，如图 3.25 所示。

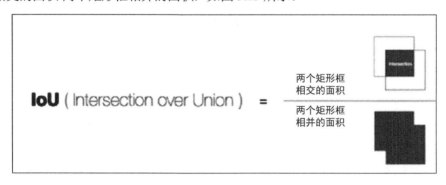

图 3.25　IoU

通过一个例子看下 IoU 在目标检测中的应用。如图 3.26 所示，浅色框为检测结果，深色框为真实标注。

那我们就可以通过预测结果与真实结果之间的 IoU 来衡量两者之间的相似度。一般情况下，对于检测框的判定都会存在一个阈值，也就是 IoU 的阈值，一般可以设置当 IoU 的值大于 0.5 的时候，则可认为检测到目标物体。

图 3.26　IoU 的应用

实现方法如下所示：

```python
import numpy as np
# 定义方法计算 IoU
def Iou(box1, box2, wh=False):
    # 判断边界框的表示形式
    if wh == False:
        # 使用极坐标形式表示：直接获取两个边界框的坐标
        xmin1, ymin1, xmax1, ymax1 = box1
        xmin2, ymin2, xmax2, ymax2 = box2
    else:
        # 使用中心点形式表示：获取两个边界框的极坐标表示形式
        # 第一个框的左上角坐标
        xmin1, ymin1 = int(box1[0]-box1[2]/2.0), int(box1[1]-box1[3]/2.0)
        # 第一个框的右下角坐标
        xmax1, ymax1 = int(box1[0]+box1[2]/2.0), int(box1[1]+box1[3]/2.0)
        # 第二个框的左上角坐标
        xmin2, ymin2 = int(box2[0]-box2[2]/2.0), int(box2[1]-box2[3]/2.0)
        # 第二个框的右下角坐标
        xmax2, ymax2 = int(box2[0]+box2[2]/2.0), int(box2[1]+box2[3]/2.0)
    # 获取边界框交集对应的左上角和右下角的坐标（intersection）
    xx1 = np.max([xmin1, xmin2])
```

```
        yy1 = np.max([ymin1, ymin2])
        xx2 = np.min([xmax1, xmax2])
        yy2 = np.min([ymax1, ymax2])
        # 计算两个矩形框的面积
        area1 = (xmax1-xmin1) * (ymax1-ymin1)
        area2 = (xmax2-xmin2) * (ymax2-ymin2)
        #计算交集面积
        inter_area = (np.max([0, xx2-xx1])) * (np.max([0, yy2-yy1]))
        #计算交并比
        iou = inter_area / (area1+area2-inter_area+1e-6)
    return iou
```

假设我们检测到结果，并将其展示在图像上：

```
        import matplotlib.pyplot as plt
        import matplotlib.patches as patches
        # 真实框与预测框
        True_bbox, predict_bbox = [100, 35, 398, 400], [40, 150, 355, 398]
        # bbox 是 bounding box 的缩写
        img = plt.imread('dog.jpeg')
        fig = plt.imshow(img)
        # 将边界框(左上 x, 左上 y, 右下 x, 右下 y)格式转换成 matplotlib 格式：((左上 x, 左
上 y), 宽, 高)
        # 真实框绘制
        fig.axes.add_patch(plt.Rectangle(
            xy=(True_bbox[0], True_bbox[1]), width=True_bbox[2]-True_bbox[0],
height=True_bbox[3]-True_bbox[1],
            fill=False, edgecolor="blue", linewidth=2))
        # 预测框绘制
        fig.axes.add_patch(plt.Rectangle(
            xy=(predict_bbox[0], predict_bbox[1]), width=predict_bbox[2]-
predict_bbox[0], height=predict_bbox[3]-predict_bbox[1],
            fill=False, edgecolor="red", linewidth=2))
```

计算 IoU：

```
        Iou(True_bbox,predict_bbox)
```

结果如下：

```
        0.5114435907762924
```

目标检测任务中可能一张图片里有多个类别的物体，所以目标检测有两个任务：第一个任务是对物体类别进行分类，第二个任务是对物体进行定位。所以，我们之前在图像分类任务中使用的正确率（Precision）指标就不再适用了。在目标检测中，均值平均精度（Mean Average Precision，mAP）是主要的衡量指标。

mAP 是多个分类任务平均精度（Average Precision，AP）的平均值，而 AP 是 PR 曲线下的面积，所以在介绍 mAP 之前我们要先得到 PR 曲线。

接下来我们先了解一下相关变量。

TP（True Positive）：$IoU > IoU_{threshold}$（$IoU_{threshold}$ 一般取 0.5）的检测框数量［同一 Ground Truth（GT）只计算一次］。

FP（False Positive）：$IoU <= IoU_{threshold}$ 的检测框数量，或者是检测到同一个 GT 的多余检测框的数量。

FN（False Negative）：没有检测到的 GT 的数量。

TN（True Negative）：在 mAP 评价指标中不会使用到。

查准率（Precision）：TP/（TP + FP）。

召回率（Recall）：TP/（TP + FN）

查准率和召回率绘制的曲线称为 PR 曲线，如图 3.27 所示。

先定义两个公式，一个是正确率（Precision），一个是召回率（Recall），与上面的公式相同，扩展开来，用另外一种形式进行展示。其中，all detections 代表所有预测框的数量；all ground truths 代表所有 GT 的数量。

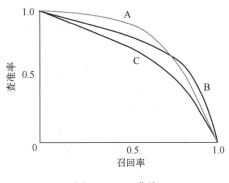

图 3.27　PR 曲线

$$Precision = \frac{TP}{TP+FP} = \frac{TP}{all\ detections} \quad (3.1)$$

$$Recall = \frac{TP}{TP+FN} = \frac{TP}{all\ ground\ truths} \quad (3.2)$$

AP 是计算某一类 PR 曲线下的面积，mAP 则是计算所有类别 PR 曲线下的面积的平均值。

### 3. 非极大值抑制

非极大值抑制（NMS），它的原理就是抑制不是极大值的元素。例如，在车辆检测中，滑动窗口经提取特征，经分类器分类识别后，每个窗口都会有一个置信度分数。但是滑动窗口会导致窗口与窗口之间存在包含或者大部分交叉的情况。这时就需要用到 NMS 来选取那些邻域里分数最高（车辆的概率最大）的窗口，并且抑制那些分数低的窗口。

在目标检测中，NMS 的目标是采用置信度最高的一个边框，然后把其他多余的边框去除，如图 3.28 所示。

图 3.28　非极大值抑制算法示例图

我们首先创建一个列表 A，然后将所有的预测边框添加进去，每一个预测边框都对应自己的置信度 S，通过将这个列表里的所有元素排序后选出具有最大得分（scose）的检测边框 M，将其从 A 集合中移除并加入最终的检测结果 B 中，然后将 A 中剩下的检测边框中与 M 的 IoU 大于阈值的边框从 A 中移除，一直重复这个过程到 A 列表的长度为 0。

使用流程如图 3.29 所示。

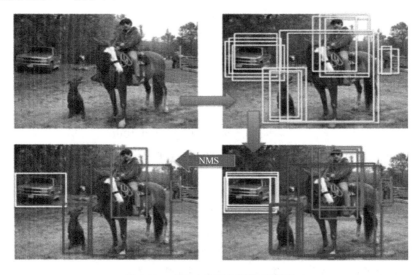

图 3.29　非极大值抑制算法流程图

（1）检测出一系列的检测边框。

（2）将检测边框按照类别进行分类。

（3）对同一类别的检测边框使用 NMS 获取最终的检测结果。

现在通过如下一个小案例来演示 NMS 的使用方法，如我们需要定位车辆，NMS 会找出一些预测框，然后判断哪些边框是需要保留的、哪些边框是需要删除的，如图 3.30 所示。

图 3.30　非极大值抑制算法示意图

假设现在检测窗口有 A、B、C、D、E 五个候选边框，接下来进行迭代计算。

第一步：B 的置信度最高为 0.9，所以将 B 保留，然后计算其他边框与 B 的 IoU，与 B 的 IoU＞0.5 删除（此处的作用是删除与 B 预测同一种类别的边框并且只保留一个）。计算其他边框与 B 的 IoU，D、E 结果＞0.5，剔除 D、E，B 作为一个预测结果，有个检测边框留下 B，放入集合。

第二步：同理，计算 A 和 C 预测框的那一部分，A 的得分最高，其他边框与 A 计算 IoU，C 的结果＞0.5，剔除 C，A 作为一个结果保留。

最终结果是将 A 边框和 B 边框保留，单类别的 NMS 的实现方法如下所示：

```
import numpy as np
def nms(bboxes, confidence_score, threshold):
    """非极大抑制过程
    :param bboxes: 同类别候选边框坐标
    :param confidence: 同类别候选边框分数
    :param threshold: IoU 阈值
    :return:
```

```
"""
# 1. 传入无候选边框返回空
if len(bboxes) == 0:
    return [], []
# 强转数组
bboxes = np.array(bboxes)
score = np.array(confidence_score)
# 取出极坐标点
x1 = bboxes[:, 0]
y1 = bboxes[:, 1]
x2 = bboxes[:, 2]
y2 = bboxes[:, 3]
# 2. 对候选边框进行 NMS 筛选
# 返回边框坐标和分数
picked_boxes = []
picked_score = []
# 对置信度进行排序，获取排序后的下标序号，argsort 默认从小到大排序
order = np.argsort(score)
areas = (x2 - x1) * (y2 - y1)
while order.size > 0:
    # 将当前置信度最大的边框加入返回值列表中
    index = order[-1]
    #保留该类剩余边框中得分最高的一个
    picked_boxes.append(bboxes[index])
    picked_score.append(confidence_score[index])
    # 获取当前置信度最大的候选边框与其他任意候选边框的相交面积
    x11 = np.maximum(x1[index], x1[order[:-1]])
    y11 = np.maximum(y1[index], y1[order[:-1]])
    x22 = np.minimum(x2[index], x2[order[:-1]])
    y22 = np.minimum(y2[index], y2[order[:-1]])
    # 计算相交的面积,不重叠时面积为 0
    w = np.maximum(0.0, x22 - x11)
    h = np.maximum(0.0, y22 - y11)
    intersection = w * h
    # 利用相交的面积和两个边框自身的面积计算框的 IoU
    ratio = intersection / (areas[index] + areas[order[:-1]] -
intersection)
```

```
    # 保留 IoU 小于阈值的边框
    keep_boxes_indics = np.where(ratio < threshold)
    # 保留剩余的边框
    order = order[keep_boxes_indics]
# 返回 NMS 后的边框及分类结果
return picked_boxes, picked_score
```

假设有检测结果如下：

```
    bounding = [(187, 82, 337, 317), (150, 67, 305, 282), (246, 121, 368,
304)]
    confidence_score = [0.9, 0.65, 0.8]
    threshold = 0.3
    picked_boxes, picked_score = nms(bounding, confidence_score, threshold)
    print('阈值 threshold 为:', threshold)
    print('NMS 后得到的 bbox 是: ', picked_boxes)
    print('NMS 后得到的 bbox 的 confidences 是: ', picked_score)
```

则检测后返回的结果如下：

```
    阈值 threshold 为: 0.3
    NMS 后得到的 bbox 是: [array([187, 82, 337, 317])]
    NMS 后得到的 bbox 的 confidences 是: [0.9]
```

#### 4. 目标检测方法的分类

目标检测算法主要分为 Two-stage（二阶段）和 One-stage（一阶段）两类。

1）Two-stage 目标检测算法

顾名思义，就是此算法有两个阶段，即第一阶段生成一系列的候选边框，第二阶段候选边框通过卷积神经网络进行分类，如图 3.31 所示。

分类完成后进行目标检测，其提取的是 CNN 卷积特征，进行候选边框的筛选和目标检测。网络的准确度越高，速度相对较慢。Two-stage 类算法的代表是 RCNN 系列，即 RCNN、Faster RCNN。

2）One-stage 目标检测算法

没有像 Two-stage 标检测算法一样开始生成候选边框，而是直接将图片送入网络进行分类和目标检测，如图 3.32 所示。这种算法速度快，但是精度相对 Two-stage 目标检测算法降低了很多。One-stage 目标检测算法的代表是 Yolo 系列，即 Yolov1、Yolov2、Yolov3、 SSD 等。有时我们需要实时检测并且要求检测速度快时，One-stage 目标检测算法是个不错的选择。

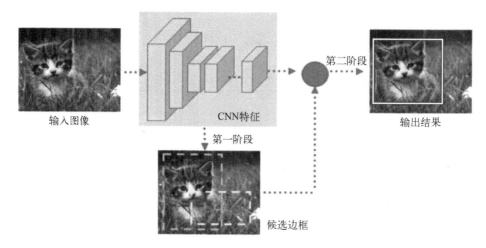

图 3.31　Two-stage 目标检测算法的流程

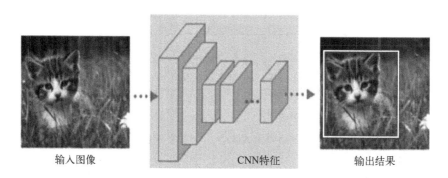

图 3.32　One-stage 目标检测算法的流程

### 3.2.2　RCNN 基础

#### 1. Overfeat 模型

Overfeat 模型使用滑动窗口遍历图片,其先选择一个固定宽度和高度的矩形区域,再在图像上"滑动",并将所有矩形框截取到的图片送入神经网络中进行分类和回归。

例如,要检测图 3.33 中的汽车,则滑动图中的框形区域(窗口)进行扫描,将所有的扫描结果送入网络进行分类和回归,得到最终的检测结果。

但是这样做有个缺点，就是规定不同大小的滑动窗口可能造成的检测结果不同，结果不准确。而且需要送入网络的滑动窗口数量庞大，需要的计算力也相应增加。

图 3.33　滑动窗口检测

## 2. RCNN 模型

2014 年提出 RCNN 模型不再使用滑动窗口的方法，而是使用候选区域的方法（Region Proposal Method）创建目标检测的区域来完成目标检测的任务，之后的 Fast RCNN、Faster RCNN 模型都延续了这种目标检测思路。

RCNN 的流程如图 3.34 所示。

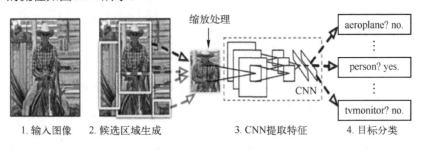

图 3.34　RCNN 的流程

（1）候选区域生成：使用选择性搜索（Selective Search，SS）方法找出图片中可能存在目标的候选区域。

（2）CNN 提取特征：选取预训练卷积神经网网络（AlexNet 或 VGG）用于进行特征提取。

（3）目标分类：训练支持向量机（SVM）来辨别目标物体和背景，对每个类别都要训练一个二元 SVM。

（4）目标定位：训练一个线性回归模型，为每个辨识到的物体生成更精确的边界框。

接下来我们对这几个部分进行详细介绍。

1）候选区域生成

在选择性搜索方法中，它的合并条件增多，如纹理、边缘、颜色等，在多尺度上进行搜索，将图像在像素级上划分出一系列的区域，这些区域要远远少于传统的滑动窗口的穷举法产生的候选区域，之前在随机搜索方法中提到从图片中提取的候选区域的宽度和高度是不固定的。而在 RCNN 中，最后的全连接层需要指定大小的输入，所以需要将候选区域的宽度和高度固定。

2）CNN 提取特征

采用训练好的模型在候选区域中提取特征，将提取好的特征保存下来，用于后续步骤的分类和回归。

（1）将输入图片进行裁剪或调整为固定的尺寸，送入网络中提取特征，经过全连接层后进行输出。

（2）预训练模型在 ImageNet 数据集上获得，最后的全连接层是 1000（见图 3.35），在这里我们需要将其改为 $N+1$（$N$ 为目标类别的数目），此处的 1 代表背景类。

图 3.35　RCNN 的网络结构

（3）通过网络提取候选区域的特征，每个候选区域对应一个 4096 维的特征，一幅图像就以 2000×4096 维的特征存储到磁盘中。

3）目标分类

RCNN 是采用支持向量机的方法进行分类的，如果我们要检测猫和狗两个类别，那我们需要训练猫和狗两个不同类别的 SVM 分类器，将 2000 个候选区域生成的特征向量送入分类网络进行预测，然后可以得到[2000, 2]大小的向量，如图 3.36 所示。

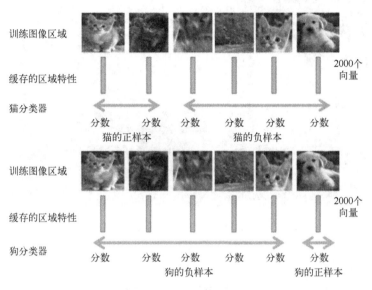

图 3.36　SVM 分类器

如果不仅仅是对猫和狗分类，而是对 $N$ 个类别进行分类，则需要训练 $N$（目标类别数目）个 SVM 分类器来完成目标分类。

4）目标定位

通过选择性搜索方法获取的目标位置不是非常的准确，实验证明，训练一个线性回归模型在给定的候选区域的结果上去预测一个新的检测窗口，能够获得更精确的位置。修正过程如图 3.37 所示。

图 3.37　目标定位修正过程

和之前的分类器类似，我们可以利用深度学习的方法训练一个回归器，然后对损失函数的参数进行优化与减小，对候选区域的范围进行调整。首先采用选择性搜索方法找到候选区域的大致位置，然后经过调整后得到更准确的位置，如图 3.38 所示。

5）完成预测过程

计算出每个候选区域的位置。为了得到较好的检测效果，需要剔除部分检测结果。针对每个分类，通过计算 IoU，采取 NMS 方法，保留比较好的检测结果。

图 3.38　候选区域调整示例图

### 3. Fast RCNN 模型

为了改进 RCNN 存在的问题, 2015 年提出了 Fast RCNN。相比于 RCNN, Fast RCNN 主要在以下 3 个方面进行了改进。

1) 提高检测的速度

假如设定阈值为 1000, RCNN 会先从输入图片中提取 1000 个候选区域, 然后将这 1000 个候选区域分别送入网络中进行特征提取。一副图片上有 1000 个候选区域, 那么就会造成这些候选区域有相互重叠的现象, 这种提取特征的方法, 就会重复计算重叠区域的特征。在 Fast RCNN 中, 将整张图输入 CNN 中进行特征提取, 然后才将候选区域映射到特征图上, 这样就避免了对图像区域进行重复处理, 提高效率, 减少运行时间。

2) 保存特征向量的需求空间减小

在 Fast RCNN 中, 将分类和回归直接使用卷积神经网络实现, 不需要在另外的空间存储特征。

3) 不用调整候选区域的大小

RCNN 中需要对候选区域进行缩放送入 CNN 中进行特征提取, 在 Fast RCNN 中使用感兴趣区域池化（Region of Interest Pooling, RoI Pooling）的方法进行尺寸的调整。

Fast RCNN 的流程如图 3.39 所示。

（1）候选区域生成：使用选择性搜索方法找出图片中可能存在目标的候选区域。

（2）CNN 提取特征：选取预训练卷积神经网络（AlexNet 或 VGG）用于进行特征提取。

（3）RoI Pooling：它的作用是输入任意维度的向量, 然后输出固定维度的向量, 最后将特征向量送入一系列全连接层中。

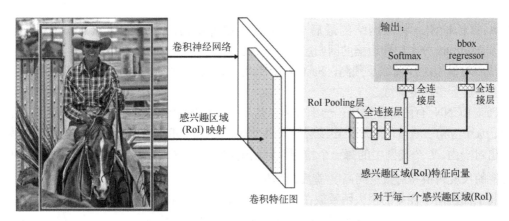

图 3.39　Fast RCNN 的流程

（4）目标检测：分两部分完成。一部分是 $N+1$ 种的分类任务，$N$ 是需要检测的种类个数；一部分是为每个类别做的回归任务，最后会输出 4 个参数，代表目标的坐标，从而来确定并优化目标的位置信息。

前两步与 RCNN 一样，不再赘述，这里着重介绍后两步。

● RoI Pooling：候选区域从原图映射到特征图中后进行 RoI Pooling 的计算，如图 3.40 所示。

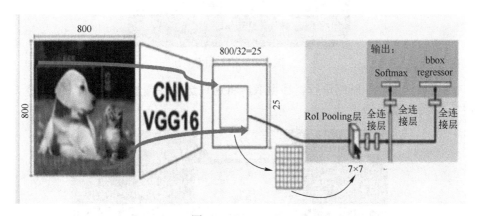

图 3.40　RoI Pooling

那么 ROI Pooling 层是如何将任意的向量转化成固定宽度和高度的特征图呢？答案是使用了最大池化层。对于任意输入的 $h \times w$ 的候选区域，按照宽度和高度将其分割为 $H \times W$ 的子网格，每个子网格的宽度为（$w/W$）、高度为（$h/H$）。使用 ROI Pooling 层替换之前网络中最后的池化层，并将超参 $H$、$W$ 设置为适合第一个全连接层的值，如 VGG16 设 $H=W=7$。

● 目标检测：将原网络的最后一个全连接层替换为两个同级层，即 $N+1$ 个类别的 Softmax 分类层和边框的回归层。

最后对模型进行训练及预测，Fast RCNN 对训练方法进行了改进，即将特征提取和检测部分合并进行多任务训练。

Fast RCNN 有两部分输出：一部分输出是 $N+1$ 个类别的概率分布（每个候选区域），即 $p=(p_a, p_b, \cdots, p_N)$。通常，通过全连接层的 $N+1$ 个输出经过 Softmax 函数来计算概率值。另一部分输出对于由 $N$ 个类别中的每一个检测框回归偏移，$t^k=(t_x^k, t_y^k, t_w^k, t_h^k)$，其中 $t^k$ 指定相对于候选边框的尺度转换和对数空间高度/宽度的移位。

将上面的两个任务的损失函数放在一起，联合训练 Fast RCNN 网络：

$$L(p,u,t^u,v) = L_{cls}(p,u) + \lambda[u \geqslant 1]L_{IoC}(t^u,v) \tag{3.3}$$

Fast RCNN 的模型预测流程描述如下所示。

（1）输入图像，如图 3.41 所示。

图 3.41　输入图像

（2）图像被送入卷积网络进行特征提取，将通过选择性搜索方法获取的候选区域映射到特征图中，如图 3.42 所示。

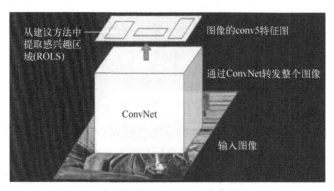

图 3.42　选择性搜索获取候选区域

（3）在特征图上的 RoI 中应用 RoI Pooling，获取尺寸相同的特征向量，如图 3.43 所示。

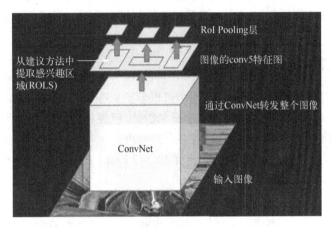

图 3.43　RoI Pooling

（4）将这些区域传递到全连接的网络中进行分类和回归，得到目标检测的结果，如图 3.44 所示。

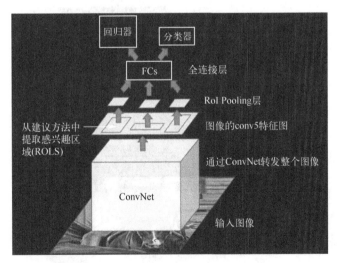

图 3.44　输出结果

## 4．Fast RCNN 总结

Fast RCNN 是对 RCNN 的一种改进：不再将所有候选区域送入 CNN 进行特征提取，而是直接将整张图片送入网络进行处理，这样减少了很多重复计算；用 RoI Pooling 对输入特征的维度进行固定，从而满足全连接层对输入数据维度的要求；采用一个网络完成分类任务和回归任务，使用全连接层后再通过 Softmax 激活函数进行目标分类，直接使用全连接层进行目标框的回归。

### 3.2.3 Faster RCNN 原理

在图 3.45 所示的二阶段算法发展过程中可以看到，在 RCNN 和 Fast RCNN 的基础上进一步提出了 Faster RCNN。在结构上，Faster RCNN 已经将候选区域的生成、特征提取、目标分类及目标框的回归都整合在了一个网络中，处理速度得到了提升，综合性能也有了较大提高，在检测速度方面尤为明显。接下来将详细介绍 Faster RCNN 的网络模型结构，如图 3.46所示。

图 3.45　二阶段目标检测算法发展过程

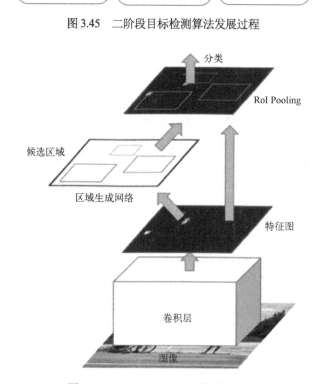

图 3.46　Faster RCNN 的网络模型结构

Faster RCNN 可以看作由 Fast RCNN 和区域生成网络（Region Proposal Network，RPN）组成。其中，RPN 替代选择性搜索方法来生成候选区域；Fast RCNN 用来进行目标检测。

### 1. Faster RCNN 工作流程（见图 3.47）

（1）特征提取：将整个图像缩放至固定的大小输入 CNN 中进行特征提取，得到特征图。

（2）候选区域提取：输入特征图，使用 RPN 产生一系列的候选区域。

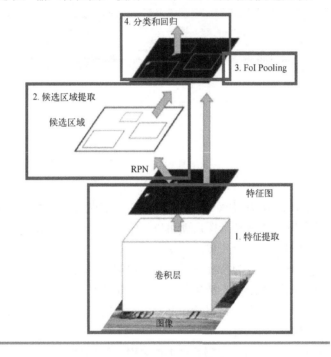

图 3.47　Faster RCNN 工作流程

（3）RoI Pooling：与 Fast RCNN 中的一样，使用最大池化约束候选区域的尺寸，送入后续网络中进行处理。

（4）分类和回归：与 Fast RCNN 中的一样，采用 $N+1$ 个类别的 Softmax 分类层和边框的回归层来完成目标的分类与回归。

Faster RCNN 的流程与 Fast RCNN 的区别不是很大，重要的改进是：使用 RPN 来替代选择性搜索方法获取候选区域，所以我们可以将 Faster RCNN 看作 RPN 和 Fast RCNN 的结合。

### 2. 模型结构详解

Faster RCNN 的网络结构如图 3.48 所示，我们依然将网络分为 4 部分。

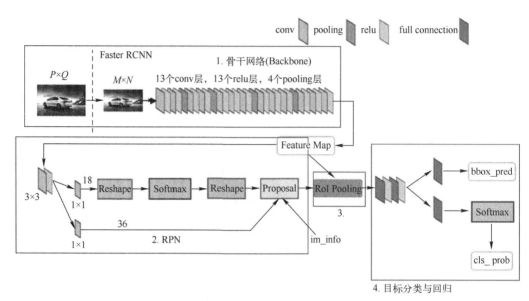

图 3.48 Faster RCNN 的网络结构

（1）骨干网络（Backbone）：Backbone 主要用来提取图片中的特征，通常由卷积神经网络构成，获取图像的特征图。生成特征图后就可以用于后续 RPN 和 RoI Pooling 层中。

（2）RPN：此网络的作用是产生候选区域。

（3）RoI Pooling：输入图片的特征图和 RPN 提取的候选区域位置，输出固定维度的特征向量，送入全连接层之后得出结果，结果包含类别和位置信息。

（4）目标分类与回归：该部分利用 RoI Pooling 输出特征向量计算候选区域的类别，并通过回归获得检测框最终的精确位置。

接下来我们就从这 4 个方面来详细分析 Faster RCNN 的网络构成。

1）Backbone

Backbone 通常由 VGG、ResNet 等网络构成，作用是对图像进行特征提取，将最后的全连接层舍弃，得到特征图送入后续网络中进行处理，如图 3.49 所示。

图 3.49 Backbone

Faster RCNN 通过使用 ResNet + FPN 结构来提取特征。与普通的 Faster RCNN 只需要将一个特征图输入后续网络中不同，由于加入 FPN 结构，需要将多个特征图逐个送入后续网络中，如图 3.50 所示。

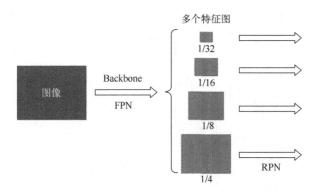

图 3.50　FPN 结构

ResNet 对图像进行特征提取，FPN 结构的作用是将当前层的特征图与未来层的特征图融合起来进行上采样，并加以利用。因为有了这样一个结构，当前的特征图就可以获取未来层的信息，也就将低阶特征与高阶特征就有机融合起来，提升检测精度，如图 3.51 所示。

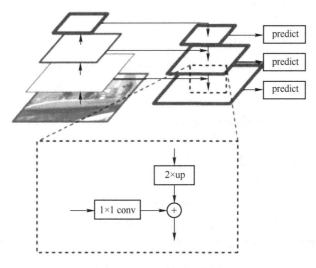

图 3.51　FPN 原理示意图

在这里，ResNet 和 FPN 的完整结构如图 3.52 所示:ResNet 对图像进行特征提取，FPN 进行特征融合，获取多个特征图后，输入到 RPN 中的特征图是[p2,p3,p4,p5,p6]，然后目标检测网络 Fast RCNN 的输入则是 [p2,p3,p4,p5]。

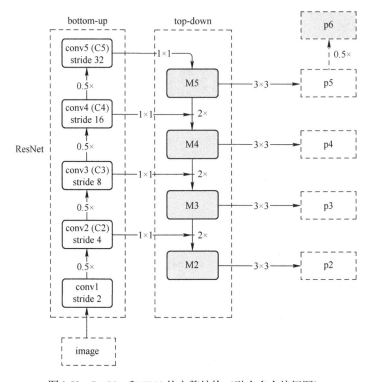

图 3.52　ResNet 和 FPN 的完整结构（融合多个特征图）

2）RPN

在传统的检测方法中生成检测框很消耗时间，如 Overfeat 中使用滑动窗口生成检测框，或如 RCNN 使用选择性搜索方法生成检测框。而 Faster RCNN 没有采用生成检测框的传统方法，直接使用 RPN 生成候选区域，极大地提升了检测速度，如图 3.53 所示。

RPN 的主要流程如下所述。

（1）在整张图片上生成一些固定尺寸的参考框。

（2）图片经过网络和 Softmax 激活函数后，预测输出参考框是否包含目标，即分类任务。

（3）计算真实框和参考框的差值，然后迭代减小差值，以获得精确的候选区域，即回归任务。

（4）候选区域层（Proposals 层）综合分类任务和回归任务，输出候选区域，并且删除太小和超出边界的候选区域。

3）参考框（anchors）

通常会先设置一个阈值，如果与参考框的交并比大于阈值的那些目标，就会被检测出来并输出。总体来说，问题变成了："这个固定参考框中是否有目标，真实框偏离参考框多远"，不用再像之前传统方法中滑动窗口那样麻烦，检测速度又快，计算力需求也小。

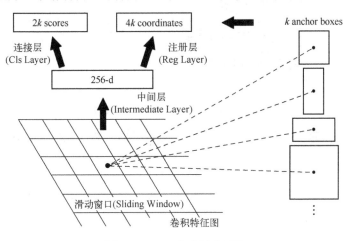

图 3.53　RPN 生成候选区域

在 Fast RCNN 中框出多尺度、多种长宽比的 anchors，如图 3.54 所示，图中分别是尺度为 32、64、128，长宽比为 1∶1、1∶2、2∶1 的一组 anchors。

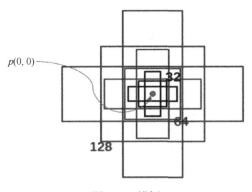

图 3.54　锚框

由于有 FPN，所以会在多个不同尺度特征图中生成 anchors，假设某一个特征图的大小为 $h×w$，首先会计算这个特征相对于输入图像的下采样倍数，即步长（stride）：

$$stride = \frac{image\_size}{feature\_map\_size}$$

如图 3.55 所示为经过一定下采样倍数得到的特征图。

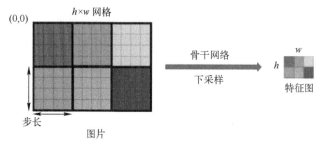

图 3.55　经过一定下采样倍数得到的特征图

首先在不同尺度的特征图上产生不同比例的参考框，然后就可以送入网络进行分类任务或者回归任务。

4）RPN 分类

一张任意尺度的图片经过 Faster RCNN 后，骨干网络特征提取到 RPN 变为 $H×W$ 大小的特征图。如图 3.56 所示，其是 RPN 进行分类的网络结构。

图 3.56　RPN 进行分类的网络结构

如图 3.57 所示，先做一个 1×1 的卷积，得到[1,$H$,$W$,18]的特征图，然后进行变形，将特征图转换为[1,9×$H$,$W$,2]的特征图后，经过 Softmax 激活函数输出分类结果后，调整尺度，最终得到[1,$H$,$W$,18]大小的结果。其中，18 表示 $k$=9 个参考框是否包含目标的概率值。

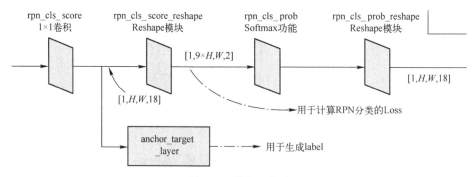

图 3.57　输出示意图

5）RPN 回归

如图 3.58 所示为输出特征图的尺度。从图中可以看出，输出特征图的尺度为[1, $H$, $W$, 4×9]。其中，最后一维 4×9 的意思是特征图里 9 个 anchors 的位置信息，每个 anchor 又都有 4

个用于回归的变换量，即 $[d_x(A), d_y(A), d_w(A), d_h(A)]$。

图 3.58　输出特征图的尺度

该变换量预测的是 anchors 与真实值之间的平移量和尺度因子如下：

$$t_x = (x - x_a) / w_a \tag{3.4}$$

$$t_y = (y - y_a) / w_a \tag{3.5}$$

$$t_w = (x - x_a) / w_a \tag{3.6}$$

$$t_h = (x - x_a) / w_a \tag{3.7}$$

6）Proposals 层

Proposals 层的处理流程如下。

（1）RPN 经过回归任务后，输出 $[d_x(A), d_y(A), d_w(A), d_h(A)]$，对所有的预测框进行修正，得到修正后的检测框。

（2）RPN 经过分类任务后，依据输出的概率值从大到小对检测框进行排序，提取前 6000 个结果，即提取修正位置后的检测框。

（3）如图 3.59 所示，将超出图片边界的区域裁剪或者删除，防止之后在对感兴趣的区域进行池化（Region of Interest Pooling，RoI Pooling）的时候选择的区域超出图像边界。

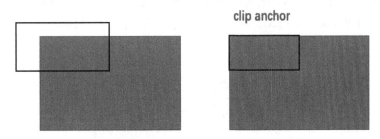

图 3.59　防止候选区域超出图像边界

（4）对剩余的检测框进行非极大值抑制（NMS）。

（5）Proposals 层的输出对应输入网络图像尺度归一化后的坐标值 $[x_1, y_1, x_2, y_2]$。

7）RoI Pooling

输入图片的特征图和 RPN 提取的候选区域位置，输出固定维度的特征向量，送入后续网络中进行分类和回归，如图 3.60 所示。

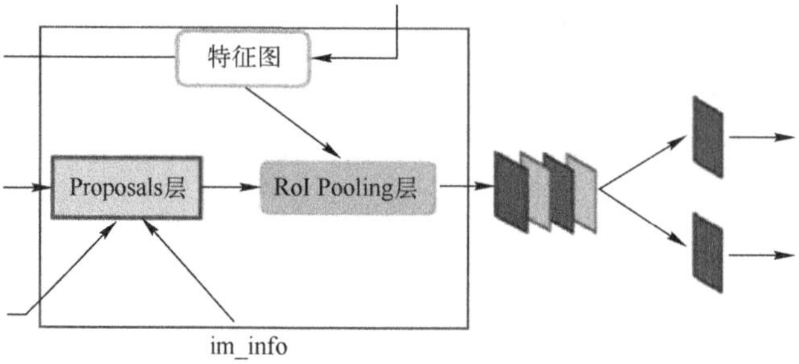

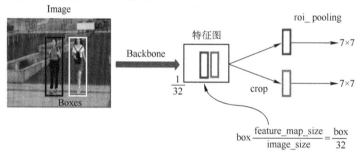

图 3.60    RoI Pooling 层

RoI Pooling 的作用过程如图 3.61 所示。

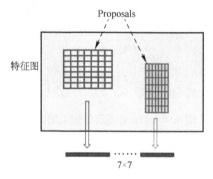

图 3.61    RoI Pooling 的作用过程

**RoI Pooling** 可以将任意维度的向量输出成固定维度的向量的原理是采用最大池化的方法，将任何有效的 RoI 区域内的特征调整为大小为 pool_H×pool_W 的固定空间范围的特征图。其中，pool_H 和 pool_W 是超参数，如设置为 7×7，如图 3.62 所示。

图 3.62    7×7 的 RoI Pooling

如图 3.63 所示，我们知道 FPN 实现了多尺度检测，每个尺度都有对应的特征图，那么候选区域要映射到哪个特征图中呢？

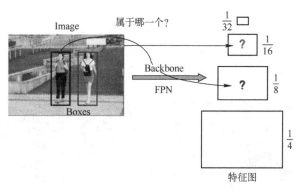

图 3.63　候选区域如何映射特征图

可以使用不同特征层作为 RoI Pooling 层的输入，经过多次的下采样后，小尺寸物体的信息可能会丢失，所以大尺寸 RoI 就用深层的一些金字塔层，如 P4 或者 P5；小尺寸 RoI 就用浅层的特征层，如 P3，以下公式确定 RoI 所在的特征层的对应关系：

$$k = [k_0 + \log_2(\sqrt{wh} / 224)] \tag{3.8}$$

其中，224 是输入图片的宽度和高度，一般 ImageNet 数据集的宽度和高度为 224×224；$k_0$ 是基准值，设置为 4；$w$ 和 $h$ 是 RoI 区域的长度和宽度，假设 RoI 是 56×56 的大小，那么 $k = k_0 - 1 = 4 - 2 = 2$，意味着该 RoI 应该使用 P2 的特征层。$k$ 值会做取整处理，防止结果不是整数，而且为了保证 $k$ 值为 2～5，还会做截断处理。

8）目标分类与回归

该部分为得到特征图后送入网络中做分类任务和回归任务，该部分的网络结构如图 3.64 所示。

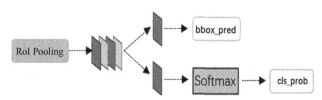

图 3.64　目标分类与回归部分的网络结构

## 3.2.4　Yolo 系列算法

One-Stage 目标检测算法有 Yolo 系列算法和 SSD 算法等，本节将主要介绍 Yolo 系列的算法。Yolo 系列的算法利用锚框将分类与目标定位的回归问题结合起来，更加灵活、高效，提高了泛化性，在工业界十分受欢迎。

### 1．Yolo 算法

Yolo 算法仅采用一个简单的 CNN 模型就可以实现端到端的目标检测，在网络开始输入一张图片，就会输出其所属的类别和预测框的位置信息，如图 3.65 所示。

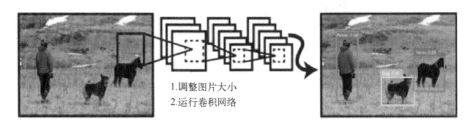

图 3.65　图片多类别检测

在介绍 Yolo 算法之前，我们回忆下 RCNN 模型，其使用选择性搜索方法找出图片中可能存在目标的候选区域，大概 2000 个，然后对每个候选区进行对象识别，但处理速度较慢。相比 RCNN 算法，Yolo 算法更为统一，且速度更快。如图 3.66 所示为 RCNN 系列和 SPPNet 的检测耗时对比图。

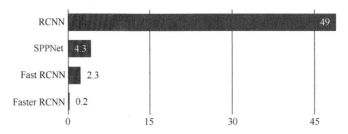

图 3.66　RCNN 系列和 SPPNet 的检测耗时对比图

Yolo 算法也没有抛弃候选区域，而是将候选区和目标分类统一起来，以很快的速度预测出物体的类别和位置。

Yolo 网络首先会预定义出预测区域进行检测，如图 3.67 所示，具体方法是将原始图片划分为 13×13=169 个网格（Grid），每个网格通过网络预测出 2 个边框，总共 169×2=338 个边框。我们将其理解为 338 个预测区，大概覆盖了整张图片，就在这 338 个预测区中进行目标检测。

只要得到这 338 个区域的目标分类和回归结果，再进行 NMS 就可以得到最终的目标检测结果。Yolo 算法的结构和 CNN 的分类类似，即卷积层、池化层和两层全连接层。从网络结构上看，其最大的差异是输出层用线性函数作为激活函数，因为需要预测边框的位置（数值型），而不仅是对象的概率。所以简单来说，输入一张图片，经过 Yolo 网络后就会输出一个张量，如图 3.68 所示。

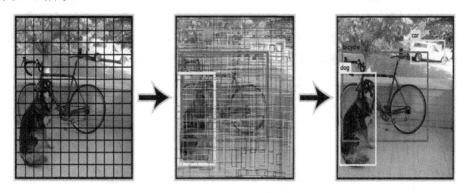

图 3.67　图片中预测区域的检测

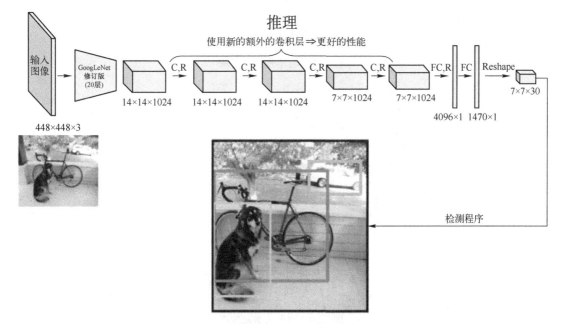

图 3.68　Yolo 算法的整体流程

　　Yolo 网络的结构比较简单，我们主要需要理解输入和输出的对应关系，以及输出的各个维度代表什么。网络的输入是原始图像，唯一的要求是缩放到 448×448 的大小。主要是因为在 Yolo 网络中，卷积层之后拼接了两个全连接层，全连接层要求固定大小的向量作为输入，所以 Yolo 网络输入图像的大小固定为 448×448。

如图 3.69 所示，我们设置网格为 7×7，则网络的输出就是一个 7×7×30 的张量（Tensor）。这个输出结果我们要怎么理解？输出张量中的 7×7 对应着我们设置的网格阈值 7×7。也可以将 7×7×30 的输出张量看成 49 个 30 维的向量，也可以说每个小网格里都会做一个 30 维向量的输出。如图 3.70 所示，将输入图像左上角的网格对应到输出张量左上角的向量。

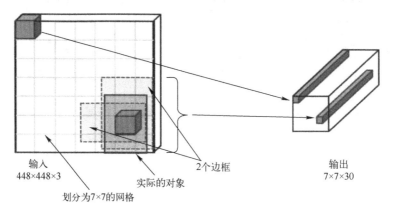

图 3.69　输出张量示意图

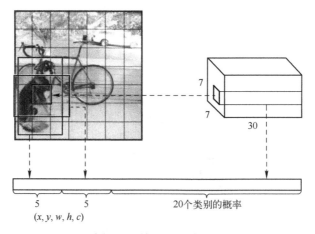

图 3.70　输出张量原理图

30 维的向量包含 2 个边框的位置和置信度，以及该网格属于 20 个类别的概率。

- 2 个边框的位置信息包括 4 个元素，即（x, y, width, height）。其中，（x, y）表示检测物体中心点的坐标；（width, height）表示检测输出框的宽度和高度。2 个边框共需要 8 个元素表示其位置。

- 2 个边框的置信度代表了预测输出的总体得分情况，即

$$\mathrm{Confidence} = \mathrm{Pr(Object)} \times \mathrm{IoU}_{\mathrm{pred}}^{\mathrm{truth}} \tag{3.9}$$

其中，$\mathrm{Pr(Object)}$ 是边框内存在对象的概率；$\mathrm{IoU}_{\mathrm{pred}}^{\mathrm{truth}}$ 表示边框与该对象实际边框的 IoU。2 个边框共需要 2 个元素来表示其位置。

Yolov1 算法的数据集能够检测 20 种类别，包括，人、车、椅子等，所以输出的 20 个元素代表对应网格里是否存在这 20 类任何一种对象的概率。在进行模型训练时，我们需要构造训练样本和设计损失函数，这样才能利用梯度下降对网络进行训练。

将一幅图片输入 Yolo 模型中，对应的输出是一个 7×7×30 的张量，构建标签（label）时，对于原图像中的每一个网格，都需要构建一个 30 维的向量。对照图 3.71，我们来构建目标向量。

图 3.71  输出张量

对于图片里的每个类别，如图 3.71 中的汽车、狗、自行车，先找到其中心点。例如，图 3.71 中的狗，其中心点在圆点位置，中心点落在网格内，所以该网格输出的 30 维向量中，狗的概率为真，其他对象的概率为假，这就是分类任务中标签值的一种形式：独热编码。所有其他 48 个网格的 30 维向量中，狗的概率都是 0，这就是所谓的"中心点所在的网格对预测该对象负责"。自行车和汽车的分类概率也是同理。

标注标签值时，应该填写物体真实的位置，但一个网格对应了 2 个边框，如何选择其一呢？需要根据网络输出的位置与对象实际位置的 IoU 来选择，所以要提前计算 IoU。

首先通过网络输出 2 个边框，分别与物体的真实边框计算 IoU，即 $IoU_{pred}^{truth}$。然后看这 2 个边框的 IoU，哪个比较大，就由哪个边框来负责预测该对象是否存在，即该边框的 Pr(Object)=1。同时，对象真实边框的位置也就填入该边框。另一个不负责预测的边框的 Pr(Object)=0。

例如，我们现在要计算自行车所在的网格对应的结果如图 3.72 所示。

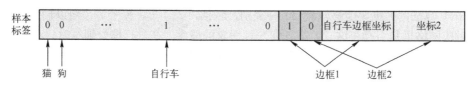

图 3.72　样本标签类别概率

损失就是网络实际输出值与样本标签值之间的偏差，如图 3.73 所示。

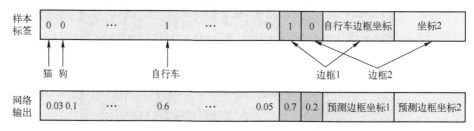

图 3.73　样本标签类别损失函数

Yolo 算法给出的损失函数如图 3.74 所示。

① 边框中心点误差：

$$\sum_{i=0}^{s^2}\sum_{j=0}^{B}1_{ij}^{obj}[(x_i-\hat{x}_i)^2+(y_i-\hat{y}_i)^2] \tag{3.10}$$

② 边框宽度、高度误差：

$$\sum_{i=0}^{s^2}\sum_{j=0}^{B}1_{ij}^{obj}\left[\left(\sqrt{w_i}-\sqrt{\hat{w}_i}\right)^2+\left(\sqrt{h_i}-\sqrt{\hat{h}_i}\right)^2\right] \tag{3.11}$$

③ 置信度误差（边框内有对象）：

$$\sum_{i=0}^{s^2}\sum_{j=0}^{B}1_{ij}^{obj}(C_i-\hat{C}_i)^2 \tag{3.12}$$

④ 置信度误差（边框内无对象）：

$$\lambda_{noobj}=\sum_{i=0}^{s^2}\sum_{j=0}^{B}1_{ij}^{noobj}(C_i-\hat{C}_i)^2 \tag{3.13}$$

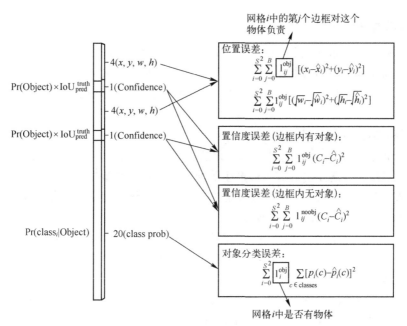

图 3.74　损失函数

⑤ 对象分类误差：

$$\sum_{i=0}^{s^2} 1_i^{obj} \sum_{c \in classes} [p_i(c) - \hat{P}_i(c)]^2 \tag{3.14}$$

总损失等于式（3.10）～式（3.14）所有损失之和。其中，$1_i^{obj}$ 表示目标是否出现在网格 $i$ 中；$1_{ij}^{obj}$ 表示网格 $i$ 中的第 $j$ 个边框预测器负责该预测；Yolo 设置位置误差来调高位置误差的权重；$\lambda_{noobj}=0.5$，即调低不存在对象的边框的置信度误差的权重。

网络训练方面，Yolo 算法使用 ImageNet 数据集进行预训练，然后再在 VOC 数据集上进行分类和定位的训练；在激活函数方面，Yolo 只有在最后的输出层使用线性激活函数，其他层都是 Leaky_ReLU 函数；数据处理方面，训练中采用了随机失活和数据增强来避免过拟合。

Yolo 算法的特点如下所示。

① 检测速度非常快，工业界在有实时检测需求的时候大多会考虑 Yolo 系列的算法。

② 结构清晰简洁，可以在端到端之间直接进行训练和预测。

③ 准确率有所下降。

④ 如果物体挨得很近，或者是小物体，检测效果并不好。

### 2. Yolov2 算法

Yolov2 继承了 Yolov1 的优点，同样保持了极快的检测速度，进一步提升了速度、准确率，识别类别数量也有所增加。其中，识别对象扩展到能够检测 9000 种不同对象，称为 Yolo9000，之前的 Yolov1 只能识别 20 种物体。下面我们详细介绍下 Yolov2 都有哪些改进。

1）批量标准化（Batch Normalization，BN）

在对每个批次（Batch）分别进行归一化的时候，使用批量标准化方法。批量标准化会减少参数，防止过拟合，防止之后有可能产生的梯度消失和梯度爆炸问题，从而能够获得更好的收敛速度和收敛效果。通过在所有卷积层后增加批量标准化，网络精度有所提升。

2）使用高分辨率图像微调分类模型

在进行检测时，若输入的图片具有较高的分辨率，那么预测的效果会更好。Yolov1 只采用了 224×224 大小的图片送入网络，Yolov2 在此基础上进行了提高，使用了尺寸为 448×448 的图片作为输入。

Yolov2 使用的方法是：先用 224×224 的输入从头开始训练网络，大概 160 个 epoch，然后将输入调整到 448×448，再训练 10 个 epoch，这样可以避免切换不同分辨率的图片造成的影响。

3）采用锚框（Anchor Boxes）

Yolov1 并没有使用锚框，其每个网格会预测两个预测边框，整个图片划分成 7×7 个网格，总共有 98 个预测边框。Yolov2 的每个网格使用 5 个锚框，总共有 13×13×5=845 个锚框。通过引入锚框，使得预测的预测框数量更多。

4）聚类提取锚框的尺寸

之前 Faster RCNN 算法选择的锚框的尺寸都是人为指定的，不一定完全适合数据集。Yolo2 不这样做，而是对数据集经过标注的真实边框的尺寸进行聚类算法分析，得到 5 个尺寸的锚框，这 5 个尺寸的锚框是更接近样本中检测对象尺寸的锚框，这样就可以减少网络微调锚框到实际位置的难度。如图 3.75 所示为通过聚类选取锚框的尺寸。

5）边框位置的预测

Yolov2 中将边框的结果约束在特定的网格中：

$$b_x = \sigma(t_x) + c_x \tag{3.15}$$

$$b_y = \sigma(t_y) + c_y \tag{3.16}$$

$$b_w = p_w e^{t_w} \tag{3.17}$$

$$b_h = p_h e^{t_h} \tag{3.18}$$

$$\mathrm{Pr}(\mathrm{Object}) \times \mathrm{IoU}(b, \mathrm{Object}) = \sigma(t_o) \tag{3.19}$$

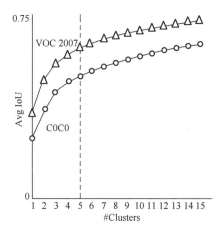
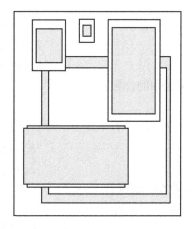

图 3.75　通过聚类选取锚框的尺寸

其中，$b_x$、$b_y$、$b_w$、$b_h$ 是预测边框的中心，以及其宽度和高度；$\text{Pr}(\text{Object}) \times \text{IoU}(b, \text{Object})$ 是预测边框的置信度；$\sigma$ 是 Sigmoid 函数，这里对预测参数 $t_o$ 进行 Sigmoid 激活后，赋值给置信度变量；$c_x$、$c_y$ 是当前网格左上角到图像左上角的距离，这里要令网格归一化，即令一个网格的宽度和高度都为 1；$p_w$、$p_h$ 是锚框的宽度和高度；$t_x$、$t_y$、$t_w$、$t_h$、$t_o$ 是要学习的参数，分别用于预测边框的中心位置，宽度和高度，以及置信度。

如图 3.76 所示，$\sigma$ 函数可以将任意输入映射到（0,1）范围之内，输入 $t_x$、$t_y$ 这两个参数被约束在（0,1）范围，这样预测边框的中心点也就不会超出中心背景框的范围。这样的做法可以使网络更容易学习，预测更精准、稳定。

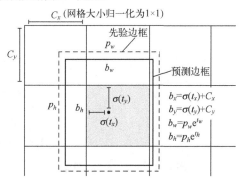

图 3.76　预测边框的参数

假设网络预测值为 $(\sigma t_x, \sigma t_y, t_w, t_h) = (0.2, 0.1, 0.2, 0.32)$，锚框为 $p_w = 3.19275$、$p_h = 4.00944$，则目标在特征图中的位置：

$$b_x = 0.2 + 1 = 1.2$$

$$b_y=0.1+1=1.1$$
$$b_w=3.19275\times e^{0.2}=3.89963$$
$$b_h=4.00944\times e^{0.32}=5.52151$$

在原图像中的位置：

$$b_x=1.2\times32=38.4$$
$$b_y=1.1\times32=35.2$$
$$b_w=3.89963\times32=124.78$$
$$b_h=5.52151\times32=176.68$$

6）细粒度特征融合

在之前我们提到过 Yolov1 对于小的物体可能检测效果不好，图片经过多层的卷积层之后，在最深层的特征图上，小的物体的特征可能已经不明显甚至被丢失掉了。Yolov2 引入一种叫作 passthrough 的层，具体来说就是在最后一组卷积层之前，将 26×26×512 的图片拆分成 4 部分，每一部分都是 13×13 的尺寸，然后将这 4 部分直接传递到最后，与经过卷积后的向量拼接到一起，两者叠加到一起作为输出的特征图，这样就能参考之前层的信息，如图 3.77 所示。

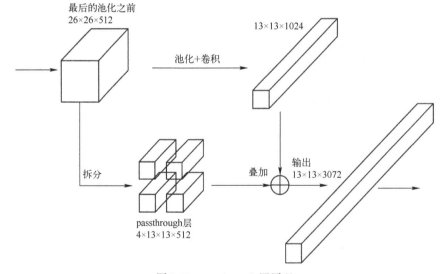

图 3.77　passthrough 层原理

passthrough 层具体的拆分方法如图 3.78 所示。

7）多尺寸训练

Yolo2 在网络最后并没有加入全连接层，所以可以给网络输入任意尺寸的图片。网络整体的下采样倍数为 32，所以输入的尺寸最好是 32 的倍数（见图 3.79），如 512、608 等，这两种尺寸的输入图像对应输出的特征图的宽度和高度是 16、19。

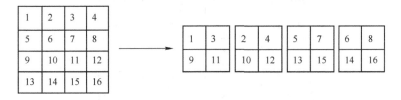

图 3.78　passthrough 层具体的拆分方法

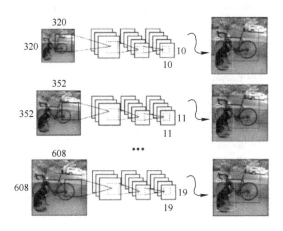

图 3.79　多尺寸训练

8）网络结构

Yolov2 网络的总体结构是 Darknet-19，该网络包含 19 个卷积层和 5 个最大池化层。对比于 VGG16，Darknet-19 更加轻量化，而且精度更高，在参数方面减少了浮点型数据的运算，保证了更快的运算速度，如图 3.80 所示为 Darknet-19 的结构图。

Yolov2 的网络中只有卷积层和池化层，从输入尺寸 416×416×3 到最后最小的特征图 13×13×5×25。增加了批量标准化，增加了一个 passthrough 层，没有全连接层，以及采用了 5 个尺寸的锚框，网络的输出如图 3.81 所示。

9）识别种类更丰富

在 VOC 数据集中，物体的种类其实很多，但是缺少相应的训练样本，导致只能检测 20 种对象。Yolov2 在预训练上采用 ImageNet 数据集的分类样本，接着采用 COCO 数据集结合训练，使得 Yolov2 能够检测的类别大大增加，数量达到 9000 多种。

| Type | Filters | Size/Stride | Output |
|---|---|---|---|
| Convolutional | 32 | 3×3 | 224×224 |
| Maxpool | | 2×2/2 | 112×112 |
| Convolutional | 64 | 3×3 | 112×112 |
| Maxpool | | 2×2/2 | 56×56 |
| Convolutional | 128 | 3×3 | 56×56 |
| Convolutional | 64 | 1×1 | 56×56 |
| Convolutional | 128 | 3×3 | 56×56 |
| Maxpool | | 2×2/2 | 28×28 |
| Convolutional | 256 | 3×3 | 28×28 |
| Convolutional | 128 | 1×1 | 28×28 |
| Convolutional | 256 | 3×3 | 28×28 |
| Maxpool | | 2×2/2 | 14×14 |
| Convolutional | 512 | 3×3 | 14×14 |
| Convolutional | 256 | 1×1 | 14×14 |
| Convolutional | 512 | 3×3 | 14×14 |
| Convolutional | 256 | 1×1 | 14×14 |
| Convolutional | 512 | 3×3 | 14×14 |
| Maxpool | | 2×2/2 | 7×7 |
| Convolutional | 1024 | 3×3 | 7×7 |
| Convolutional | 512 | 1×1 | 7×7 |
| Convolutional | 1024 | 3×3 | 7×7 |
| Convolutional | 512 | 1×1 | 7×7 |
| Convolutional | 1024 | 3×3 | 7×7 |
| Convolutional | 1000 | 1×1 | 7×7 |
| Avgpool | | Global | 1000 |
| Softmax | | | |

图 3.80　Darknet-19 的结构图

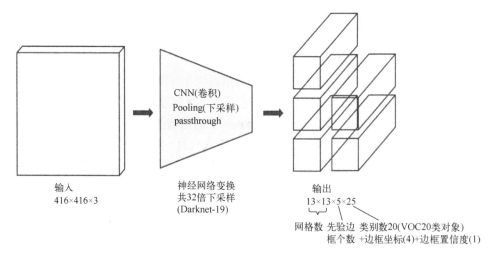

图 3.81　Yolov2 网络的输出

### 3．Yolov3 算法

Yolov3 在以前的基础上又提出了新的改进：锚框更丰富，从 Yolov2 的 5 个增加到了 9 个；调整了网络结构，使结构更加清晰、简单；最后的输出中会有 3 个尺度特征进行目标检测；为了更适用多标签分类任务，最后的激活函数不再采用 Softmax，而是采用了 Logistic 函数。

图 3.82 所示为各种检测算法的检测速度和 mAP 对比图。

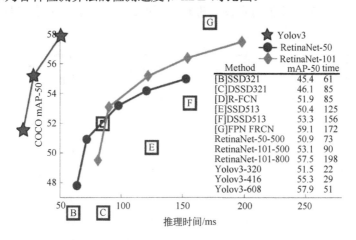

图 3.82　各种检测算法的检测速度和 mAP 对比图

Yolov3 的流程如图 3.83 所示，输出可以检测出不同大小的目标。

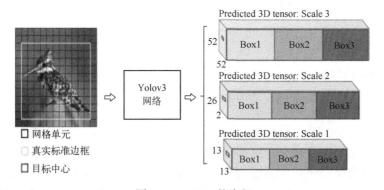

图 3.83　Yolov3 的流程

而 Yolov3 算法又有哪些特点呢，接下来具体介绍 Yolov3 相对于前两版的改进之处。

1）多尺度检测

一张图片中可能包含很多个物体，所以需要网络能够检测不同大小的物体，最好是一次检测就能将不同大小的物体找出来。网络越深，特征图就会越小，所以网络越深，小的物体也就越难检测出来。

不同的特征图包含着不同的信息，浅层的特征图中主要包含低级的信息，如物体边缘、颜色、位置信息等，深层的特征图中包含高等信息，如物体的语义信息：鸟、熊猫、自行车等。因此，不同级别的特征图对应不同的尺度，所以我们可以在不同级别的特征图中进行目标检测。如图 3.84 所示为在不同特征图上进行预测的几种方法，展示了多种尺度变换的经典方法。

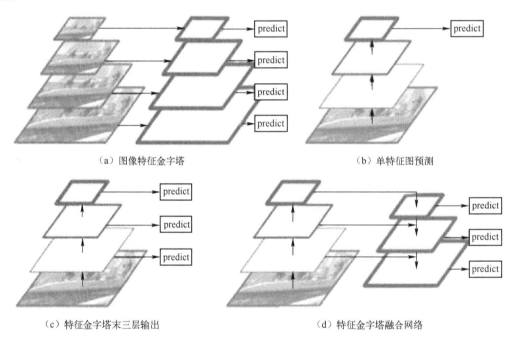

（a）图像特征金字塔　　　　　　　　　　　（b）单特征图预测

（c）特征金字塔末三层输出　　　　　　　（d）特征金字塔融合网络

图 3.84　在不同特征图上进行预测的几种方法

在图 3.84（a）中，第一步是建立多层的图像金字塔，利用每一层的特征图进行预测，可以检测不同尺寸的物体，但是每一层都做输出预测处理会造成预测速度变慢；在图 3.84（b）中，只是在卷积过后最后的特征图上进行预测，这种结构无法检测不同尺寸的物体；图 3.84（c）所示的结构使用了最深的几层特征图做目标检测，这样浅层的特征图就可以检测出大尺寸的物体、深层的特征图就可以检测出小尺寸的物体，缺点是只能通过当前层的特征图获得信息，无法参考其他层的信息做预测。图 3.84（d）在图 3.84（c）的基础上进行了改进，做预测的几层特征图会相互进行信息融合，更深层的特征图首先会做一个预测，接着会进行上采样，上采样后新的特征图会和上一层的特征图进行信息融合。因为有了这样一个结构，当前的特征图就可以获得更深一层的信息，这样就可以使得低级特征与高级特征融合起来了，提升检测精度。在 Yolov3 中，就是采用这种方式来实现目标多尺度的变换的。

2）网络模型结构

Yolo3 使用了层数更深的网络，采用了 Darknet-53 的网络结构，含有 53 个卷积层，与残差网络的原理类似，Darknet-53 在层之间设置了短连接，解决了深层网络梯度的问题，短连接结构如图 3.85 所示，包含两个卷积层和一个短连接。

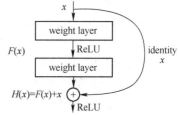

图 3.85　短连接结构

Yolov3 的模型结构如图 3.86 所示，整个网络结构不使用全连接层和池化层，设置 ResX 里的第一个 CBL 里的卷积层步长为 2 来实现下采样的作用，一旦通过这个卷积层，图像的尺寸就会减小一半。

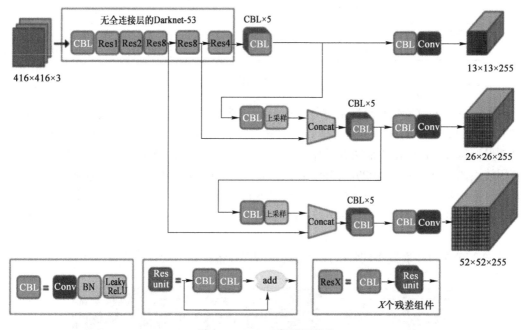

图 3.86　Yolov3 的模型结构

下面我们看下网络结构。

（1）基本组件。

① CBL：由卷积层（Conv）、BN 层和 Leaky_ReLU 激活函数组成。

② Res unit：残差组件。在两层卷积层之间加入短连接，和 ResNet 中的残差结构类似，使网络可以构建得更深。

③ ResX：由之前两种组件组合而成，即由一个 CBL 和 X 个残差组件组成。整个网络只有 Res unit 前面的 CBL 起到下采样的作用，所以骨干网络经过了 5 次 ResX 后，特征图的尺寸为 416->208->104->52->26->13。

（2）骨干网络中卷积层的数量。

骨干网络中包含 52 个卷积层，再加上一个全连接层，就组成一个 Darknet-53 分类网络。也就是说这 53 层里的最后一层是全连接层。有时候我们去掉最后的全连接层，也将此时的网络叫作 Darknet-53 网络。

3）锚框

之前在介绍中提到了 Yolov3 使用了 9 个锚框，这 9 个锚框的尺寸也是通过聚类分析得到的，并且将这 9 个尺寸平均分配给特征图的三个尺度，如图 3.87 所示。

| 特征图 | 13×13 | | | 26×26 | | | 52×52 | | |
|---|---|---|---|---|---|---|---|---|---|
| 感受野 | 大 | | | 中 | | | 小 | | |
| 先验边框 | (116×90) | (156×198) | (373×326) | (30×61) | (62×45) | (59×119) | (10×13) | (16×30) | (33×23) |

图 3.87　锚框

例如，我们对 COCO 数据集进行聚类分析，得到 9 个锚框的尺寸是 10×13、16×30、33×23、30×61、62×45、59×119、116×90、156×198、373×326。这里要说到一个感受野的概念，感受野越大，说明该特征图更适合检测大的物体。在最深的特征图上，感受野最大，所以适合用较大的锚框，如 116×90、156×198、373×326；在其次的特征图上，感受野处于中等位置，适合用中等的锚框，如 30×61、62×45、59×119，更适合检测中等大小的物体；在最浅特征图上，感受野最小，适合采用其中较小的锚框，如 10×13、16×30、33×23，适合检测较小的物体。

从图 3.88 中可以看到不同特征图上采用不同尺寸锚框的感受野的效果。

13×13　　　　　26×26　　　　　52×52

图 3.88　不同尺寸锚框的感受野

4）Yolov3 的输入与输出

如图 3.89 所示，假如现在输入 416×416×3 大小的图片，送入网络后，预测出大、中、小三种不同尺度的结果。Yolov3 共有 13×13×3+26×26×3+52×52×3 个预测。所有的预测输出都是 85 维度的向量。其中，位置信息为 4 个维度；置信度分数为 1 维；因为这里采用的是 COCO 数据集，有 80 个类别，所以此处有 80 个维度。

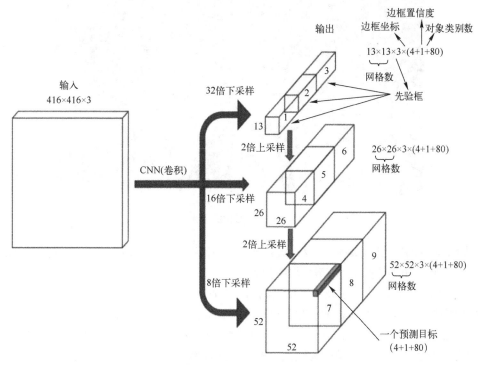

图 3.89　Yolov3 的输入与输出

## 3.2.5　Yolov3 案例

### 1．人脸检测案例概述

人脸检测，现在早已深入我们的日常生活中，其任务就是找出图片中所有的人脸位置并将其标出来，也就是用一个矩形框框起来。如果是检测视频中的人脸，也是同理，只不过视频由一帧帧图片构成，将所有帧送入网络进行预测处理即可，如图 3.90 所示。

图 3.90 人脸检测效果图

人脸检测的常见应用场景一般是人脸识别和验证、人脸表情分析、人脸属性识别（性别、年龄识别、颜值评估）、面部形状重建等。

人脸检测属于目标检测领域，目标检测通常有两大类。

● 通用物体检测：就是正常的对多类别进行目标检测，如 VOC2017 检测 20 类目标，其核心是"n(目标)+1(背景)=n+1"分类问题。这种检测任务很难满足 CPU 实时检测，因为模型参数过多，模型架构较大，检测速度较慢。

● 特定物体检测：只对某一种特定类别的检测感兴趣，检测任务相对简单，如口罩检测、高速路上的车流量检测等。特定物体检测的核心只包含检测物体和背景两分类问题。检测需要的类别数大大减少，模型参数也会随着减少，检测速度变快，满足 CPU 的实时检测要求。

以下这两类检测算法在人脸检测上效果都不错：Faster RCNN 系列和 Yolo 系列。其中，前者的检测效果好、性能高，但速度慢，不太能用于人脸检测任务，后者的优势是速度快，在 GPU 上能实时进行，但对密集且小的目标进行检测，效果比较差。

在人脸检测任务中常用以下 3 个指标。

● 召回率（Recall）：这个指标的意义就是检测出的人脸在图片中的比例越高越好。所以，召回率=网络真实检测出来的人脸数目/图片中应该检测出来的人脸数目（总人脸数量）。

- 误检数（False Positives）：误检数就是网络错误判断物体成人脸的数目，通常用检测错误的绝对数量来衡量，检测器检测出的输出与真实边框标签值的 IoU 小于一个设定的阈值，则认为这个检测结果是误检，误检越少越好。
- 检测速度（Speed）：一般用帧率（Frame-Per-Second，FPS）表示检测速度，代表一帧能处理多少张图片，检测一幅图片所用的时间越少越好。

如图 3.91 所示是以上评价指标的简单示例，图片中一共包含 7 张人脸，并且真实边框已经标注出来了，一个预测网络输出了 8 个检测结果，其中 5 个正确、3 个错误，误检数为 3，召回率为 5/7=71.43%。

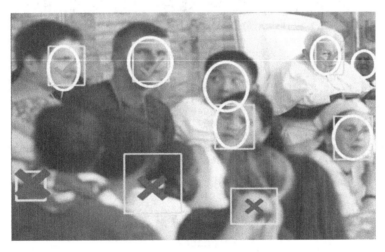

图 3.91　误检数和召回率

## 2. 数据加载

数据集通过 txt 文件进行标注。其中，txt 文件中的内容如下所示：

```
0  0.160938  0.541667  0.120312  0.386111
```

分别指所标注目标的类别 id，配置在 cfg/face.name 中归一化后的中心点 $x$ 坐标，归一化后的中心点 $y$ 坐标，归一化后的目标边框宽度 $w$，归一化后的目标框高度 $h$。

图 3.92 中只标注人脸的结果如图 3.93 所示。其中，第一列是类别 id，代表着都是人脸；后面 4 列是归一化后的 $x$、$y$、$w$、$h$。

图 3.92　人脸示意图

```
0  0.8310546875  0.31640625  0.064453125  0.09114583333333333
0  0.7294921875  0.330078125  0.064453125  0.09765625
0  0.5791015625  0.322265625  0.056640625  0.08723958333333333
0  0.42431640625  0.4010416666666667  0.0673828125  0.09635416666666667
0  0.26318359375  0.380859375  0.0673828125  0.09244791666666667
0  0.11962890625  0.3430989583333333  0.0673828125  0.10286458333333333
0  0.84130859375  0.029947916666666668  0.0322265625  0.041666666666666664
```

图 3.93　图片标注说明

这里我们使用的数据集文件目录如图 3.94 所示。

▶ 📁 images
▶ 📁 labels
　 📄 train.txt

图 3.94　数据集文件目录

images 中是所有的图像数据，labels 中是标注的 txt 文件，train.txt 中是所有参与训练的图像文件的路径。

我们可以使用 show_yolo_anno.py 对标注结果进行展示，流程如下所示。

第一步：指定相关的文件路径，即图像文件、train.txt、配置信息。

第二步：获取要检测的类别，即 face。

第三步：获取所有的图像文件和标注文件。

第四步：获取所有图像，将标注信息绘制在图像上进行展示。

具体实现代码如下所示。

（1）指定文件路径：

```
# 指定文件路径
  # 数据路径
  root_path = '/Users/Desktop/code/datasets'
  # txt 文件的路径
  path = '/Users/Desktop/code/datasets/anno/train.txt'
  # 要检测的类别
  path_voc_names = './cfg/face.names'
```

（2）获取要检测的类别（face）：

```
# 读取检测的目标类别
  with open(path_voc_names, 'r') as f:
      label_map = f.readlines()
  # 获取所有的类别
  for i in range(len(label_map)):
      label_map[i] = label_map[i].strip()
      print(i, ') ', label_map[i].strip())
```

（3）获取所有的图像文件和标注文件：

```
# 获取所有的图像文件
with open(path, 'r') as file:
    img_files = file.read().splitlines()
    img_files = list(filter(lambda x: len(x) > 0, img_files))
# 获取所有的标注文件
label_files = [
    x.replace('images', 'labels').replace('.jpg','.txt')
    for x in img_files]
```

（4）将标注信息绘制在图像上进行展示：

```
# 读取图像并对标注信息进行绘制
# for i in range(len(img_files)):
for i in range(100):
    print(img_files[i])
    # 图像的绝对路径
    img_file = os.path.join(root_path, img_files[i][2:])
    # 读取图像，获取其宽度和高度
```

```
            img = cv2.imread(img_file)
        w = img.shape[1]
        h = img.shape[0]
        # 标签文件的绝对路径
        label_path = os.path.join(root_path, label_files[i][2:])
        print(i, label_path)
        if os.path.isfile(label_path):
            # 获取每一行的标注信息
            with open(label_path, 'r') as file:
                lines = file.read().splitlines()
            # 获取每一行中的标准信息(cls,x,y,w,h)
            x = np.array([x.split() for x in lines], dtype=np.float32)
            for k in range(len(x)):
                anno = x[k]
                label = int(anno[0])
                # 获取边框的坐标值，左上角坐标和右下角坐标
                x1 = int((float(anno[1]) - float(anno[3]) / 2) * w)
                y1 = int((float(anno[2]) - float(anno[4]) / 2) * h)
                x2 = int((float(anno[1]) + float(anno[3]) / 2) * w)
                y2 = int((float(anno[2]) + float(anno[4]) / 2) * h)
                # 将标注边框绘制在图像上
                cv2.rectangle(img, (x1, y1), (x2, y2), (255, 30, 30), 2)
                # 将标注类别绘制在图像上
                cv2.putText(img, ("%s" % (str(label_map[label]))), (x1, y1), \
                        cv2.FONT_HERSHEY_PLAIN, 2.5, (0, 255, 55), 6)
                cv2.putText(img, ("%s" % (str(label_map[label]))), (x1, y1), \
                        cv2.FONT_HERSHEY_PLAIN, 2.5, (0, 55, 255), 2)
        # 结果显示
        cv2.namedWindow('image', 0)
        cv2.imshow('image', img)
        if cv2.waitKey(1) == 27:
            break
        print("./samples/results_{}".format(os.path.basename(img_file)))
        cv2.imwrite("./samples/results_{}".format(os.path.basename(img_file)),
img)
    cv2.destroyAllWindows()
```

最后将得到的结果绘制在图像上，如图 3.95 所示。

图 3.95　人脸检测结果

加载数据集的代码如下：

```
yolo_v3/utils/datasets.py
```

主要通过 LoadImagesAndLabels 类实现，以下 3 个方法，该类继承自 DataSet：
- init 方法进行参数的初始化，包括图像路径、图像大小等；
- len 方法返回数据集中图像文件的数量；
- getitem 方法返回数据集中的每一个图像信息，供 datasetloader 使用，在这里除了完成图像读取的任务，还增加了图像增强处理功能。

初始化处理在 init 方法中的实现，具体包括：

```
    def __init__(self, path, batch_size, img_size=416, augment=True, multi_
scale=False, root_path=os.path.curdir):
        """
        :param path: txt 文件
        :param batch_size:
        :param img_size: 图像大小
        :param augment: 是否进行增强
        :param multi_scale: 多尺度训练
        :param root_path: 指定数据的根目录
        """
        print('LoadImagesAndLabels init : ', path)
```

```
# 读取 txt 文件，获取所有的图像文件
with open(path, 'r') as file:
    img_files = file.read().splitlines()
    img_files = list(filter(lambda x: len(x) > 0, img_files))
# 打乱图像文件
np.random.shuffle(img_files)
print("shuffle image...")
self.img_files = img_files
assert len(self.img_files) > 0, 'No images found in %s' % path
self.img_size = img_size
self.batch_size = batch_size
self.multi_scale = multi_scale
self.augment = augment
self.scale_index = 0
self.root_path = root_path
if self.multi_scale:
    self.img_size = img_size  # initiate with maximum multi_scale
size, in case of out of memory
        print("Multi scale images training, init img_size", self.
img_size)
    else:
        print("Fixed scale images, img_size", self.img_size)
# 获取对应的标签图像
self.label_files = [
    x.replace('images', 'labels').replace('.jpg', '.txt')
    for x in self.img_files]
```

通过 len 方法获取数据集中数据的个数：

```
def __len__(self):
    # 返回图像文件的个数
    return len(self.img_files)
```

在 getitem 方法中获取要处理的一幅图像并进行图像增强，其流程如下所示。

第一步：多尺度训练。Yolov3 中没有全连接层，可以输入任何尺寸的图像。因为整个网络的下采样倍数是 32，采用了 {352,…,608} 等输入图像的尺寸，这些尺寸的输入图像对应输出的特征图的宽度和高度是 {11,…,19}，使网络能够适应各种大小的对象检测，如图 3.96 所示。代码实现如下所示。

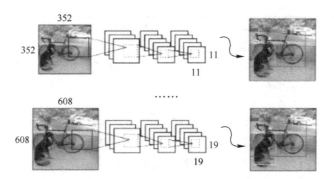

图 3.96　针对各种大小的对象检测

```
        # 判断是否进行多尺度训练且是新的批次，保证同一批次中图像的尺度是一样的
            if self.multi_scale and (self.scale_index % self.batch_size ==
0)and self.scale_index != 0:
                # 随机生成要进行检测的图像的大小
                self.img_size = random.choice(range(11, 19)) * 32
            # 多尺度训练时要对数据的个数进行计数
            if self.multi_scale:
                self.scale_index += 1
```

第二步：图像读取。代码实现如下所示。

```
        # 获取图像的位置
            img_path = os.path.join(self.root_path, self.img_files[index][2:]
            # 读取图像
            img = cv2.imread(img_path)
```

第三步：颜色增强。如果要进行图像的增强，则按照 50%的概率对 HSV 色彩空间的 S 和 V 通道进行增强。代码实现如下所示。

```
        # 进行颜色增强，概率为 0.5
            augment_hsv = random.random() < 0.5
            if self.augment and augment_hsv:
                # S 和 V 通道增强的概率为 0.5
                fraction = 0.50
                # 颜色空间转换
                img_hsv = cv2.cvtColor(img, cv2.COLOR_BGR2HSV)
                # 获取 S 和 V 两个通道的数据
                S = img_hsv[:, :, 1].astype(np.float32)
```

```
            V = img_hsv[:, :, 2].astype(np.float32)
            # 生成随机数 a 在[0,5, 1.5]之间，对 S 通道进行处理
            a = (random.random() * 2 - 1) * fraction + 1
            S *= a
            if a > 1:
                np.clip(S, None, 255, out=S)
            # 生成随机数 a 在[0,5, 1.5]之间，对通道进行处理
            a = (random.random() * 2 - 1) * fraction + 1
            V *= a
            if a > 1:
                np.clip(V, None, 255, out=V)
            # 赋值给原图像
            img_hsv[:, :, 1] = S
            img_hsv[:, :, 2] = V
            # 颜色空间转换为 BGR，完成图像增强
            cv2.cvtColor(img_hsv, cv2.COLOR_HSV2BGR, dst=img)
```

　　第四步：调整图像的尺寸。Yolov3 要求输入图片为正方形的，而数据集中的图片一般为长方形的，使用 resize 函数会使图片失真，因此使用 pad 函数对图像进行处理，并修正标签值，如图 3.97 所示。代码实现如下所示。

图 3.97　对图像进行 pad 处理

```
        # 获取图像的宽度和高度
        h, w, _ = img.shape
        # 采用 letterbox 可以保持图片的长宽比例，剩下的部分采用灰色填充
        # img 是处理后的图像，ratio 是 resize 的比例，padw 和 padh 是宽高两部分填
充的大小
```

```
            img, ratio, padw, padh = letterbox(img, height=self.img_size,
augment= elf.augment)
                # 获取标签文件
                label_path = os.path.join(self.root_path, self.label_files
[index][2:])
                # 加载标签值
                labels = []
                # 读取标签文件
                if os.path.isfile(label_path):
                    with open(label_path, 'r') as file:
                        lines = file.read().splitlines()
                    # 获取每一行中的标注信息
                    x = np.array([x.split() for x in lines], dtype=np.float32)
                    if x.size > 0:
                        # 将归一化的 xywh 格式的坐标数据转换为 xyxy 格式的坐标数据
                        labels = x.copy()
                        labels[:, 1] = ratio * w * (x[:, 1] - x[:, 3] / 2) + padw
                        labels[:, 2] = ratio * h * (x[:, 2] - x[:, 4] / 2) + padh
                        labels[:, 3] = ratio * w * (x[:, 1] + x[:, 3] / 2) + padw
                        labels[:, 4] = ratio * h * (x[:, 2] + x[:, 4] / 2) + padh
```

第五步：几何变换（旋转、缩放、平移、翻转等）的增强，并调整 label 值。代码实现如下所示。

```
        # 图像增强
            if self.augment:
                # 仿射变换的增强
                img, labels = random_affine(img, labels, degrees=(-30, 30),
translate=(0.10, 0.10), scale=(0.9, 1.1))
            # 获取目标的个数
            nL = len(labels)
            if nL:
                # 转化 xyxy 为 xywh，并且归一化
                labels[:, 1:5] = xyxy2xywh(labels[:, 1:5]) / self.img_size
            if self.augment:
                # 随机左右翻转
```

```
            lr_flip = True
            if lr_flip and random.random() > 0.5:
                img = np.fliplr(img)
                if nL:
                    labels[:, 1] = 1 - labels[:, 1]
            # 随机上下翻转，不适用
            ud_flip = False
            if ud_flip and random.random() > 0.5:
                img = np.flipud(img)
                if nL:
                    labels[:, 2] = 1 - labels[:, 2]
```

第六步：获取图像和标注信息。图像要进行通道调整、类型转换、归一化的处理；标注信息存储在数组中，一个目标的标注信息表示为[0,cls,x,y,w,h]，多个目标的标注信息用二维数组表示，即{[0,cls,x,y,w,h],[0,cls,x,y,w,h],...}。代码实现如下所示。

```
        # 生成一个全零数据存储 label 值
        labels_out = torch.zeros((nL, 6))
        # 若标签不为空，将其填充在全零数组中
        if nL:
            labels_out[:, 1:] = torch.from_numpy(labels)
        # 通道 BGR to RGB，表示形式转换为 3×416×416（C×H×W）
        img = img[:, :, ::-1].transpose(2, 0, 1)
        # 类型转换 uint8 to float32
        img = np.ascontiguousarray(img, dtype=np.float32)
        # 归一化 0～255 为 0.0～1.0
        img /= 255.0
        # 返回结果
        return torch.from_numpy(img), labels_out, img_path, (h, w)
```

使用 collate_fn 函数生成一个批次数据，包括图像和相应的标注信息，一个批次的图像扩展维度为[batch_size,C,H,W]，对应的标注信息为{[图片 id,cls,x,y,w,h]}，代码实现如下所示。

```
        @staticmethod
        def collate_fn(batch):
            """
```

```
实现自定义的 batch 的输出
:param batch:
:return:
"""
img, label, path, hw = list(zip(*batch))
for i, l in enumerate(label):
    # 获取目标所属图片的 id
    l[:, 0] = i
return torch.stack(img, 0), torch.cat(label, 0), path, hw
```

我们调用上述方法，获取送入网络中的数据并进行展示。代码实现如下所示。

```
    train_path = '/Users/yaoxiaoying/Desktop/人脸支付/02.code/datasets/yolo_
widerface_open_train/anno/train.txt'
        batch_size = 2
        img_size = 416
        root_path = '/Users/yaoxiaoying/Desktop/人脸支付/02.code/datasets'
        num_workers = 2
        # 用之前创建好的 Dataset 类去创建数据对象
        dataset = LoadImagesAndLabels(train_path, batch_size=batch_size,
img_size=img_size, augment=True,
                                multi_scale=False, root_path=root_path)
        print('--------------->>> imge num : ', dataset.__len__())
        # 利用 dataloader 迭代器获取每个批次的数据进行展示
        dataloader = DataLoader(dataset,
                        batch_size=batch_size,
                        num_workers=num_workers,
                        shuffle=True,
                        collate_fn=dataset.collate_fn)
        for i, (imgs, targets, img_path_, _) in enumerate(dataloader):
            # 打印标注信息
            print("标注信息",targets)
            for j in range(batch_size):
                # 结果展示:反归一化,表示形式为 CHW->HWC,类型转换为 RGB->BGR
                cv2.imshow('result',np.uint8(imgs[j].permute(1, 2, 0) * 255.0)
[:,:,::-1])
                cv2.waitKey(0)
                # 送入网络中图像写入的文件路径
```

```
                    out_path = os.path.join('/Users/yaoxiaoying/Desktop/人脸支付
/03.课堂代码/yolo_v3/result_aug',os.path.basename(img_path_[j]))
                    # 将图像写入
                    cv2.imwrite(out_path, np.uint8(imgs[j].permute(1, 2, 0) * 255.0)
[:,:,::-1])
                cv2.destroyAllWindows()
                continue
```

获取的结果如图 3.98 所示（第一排是原始图像，第二排是经过增强后的图像）。

图 3.98　图像增强效果图

标注信息为{[图片 id，目标类别 face，x1，y1，w，h]}。注意：图像中标注框中心点的坐标、宽度和高度进行归一化的结果如下所示。

```
    tensor([[0.0000, 0.0000, 0.4783, 0.3326, 0.1913, 0.2086],
            [1.0000, 0.0000, 0.7429, 0.6264, 0.1966, 0.2101],
            [1.0000, 0.0000, 0.6583, 0.4812, 0.2429, 0.2377]])
```

### 3. 模型构建

本部分将要介绍如何构建 Yolov3 和 Yolov3tiny 两种模型。

1）构建 Yolov3 模型

首先介绍 Yolov3 模型，其结构框架如图 3.99 所示。因为之前已经详细介绍过 Yolov3 的模型框架，所以现在着重于介绍其代码实现。

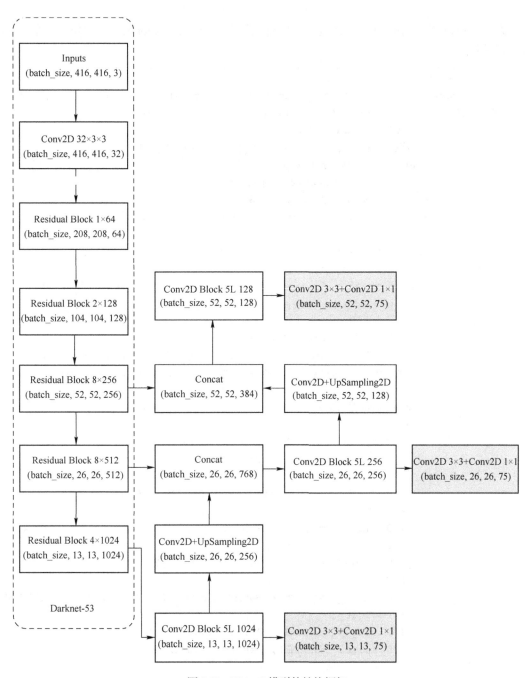

图 3.99  Yolov3 模型的结构框架

　　第一步：网络结构的构建。这里我们构建网络的输入、Backbone、网络的输出等。代码实现如下所示。

```
class Yolov3(nn.Module):
    def __init__(self, num_classes=80, anchors=[(10,13), (16,30), (33,23),
(30,61), (62,45), (59,119), (116,90), (156,198), (373,326)]):
        super().__init__()
        # 获取不同输出尺度上的 anchor，对于 416×416 的图像
        # anchor_mask1 是 13×13 的大物体
        # anchor_mask2 是 26×26 的中等物体
        # anchor_mask3 是 52×52 的小物体
        anchor_mask1 = [i for i in range(2 * len(anchors) // 3, len
(anchors), 1)]  # [6, 7, 8]
        anchor_mask2 = [i for i in range(len(anchors) // 3, 2 * len
(anchors) // 3, 1)]  # [3, 4, 5]
        anchor_mask3 = [i for i in range(0, len(anchors) // 3, 1)]
# [0, 1, 2]

        # 网络构建，所有的网络层都存放在 layerlist 中
        # OrderedDict 是 dict 的子类，其最大特征是可以保持添加的 key-valu 对的顺序
        # Conv2dBatchLeaky 是 CBL 模块，操作是 Conv2d、BatchNorm2d、LeakyReLU
        # ResBlockSum 是 resunit，操作是 Conv2dBatchLeaky × 2 + x
        # headbody 是 CBL×5
        layer_list = []
        # list0 构建 Backbone 的第一部分，获取 52×52 的特征图
        layer_list.append(OrderedDict([
            # CBL
            ('0_stage1_conv', Conv2dBatchLeaky(3, 32, 3, 1, 1)), # 416 × 416 × 32
            # CBL
            ("0_stage2_conv", Conv2dBatchLeaky(32, 64, 3, 2)), # 208 x 208 x 64
            # resunit
            ("0_stage2_ressum1", ResBlockSum(64)),
            # CBL
            ("0_stage3_conv", Conv2dBatchLeaky(64, 128, 3, 2)), # 104 x 104 128
            # resUnit*2
            ("0_stage3_ressum1", ResBlockSum(128)),
            ("0_stage3_ressum2", ResBlockSum(128)),
            # CBL
            ("0_stage4_conv", Conv2dBatchLeaky(128, 256, 3, 2)), # 52 x 52 x 256
```

```
                    # Reunit*8
                    ("0_stage4_ressum1", ResBlockSum(256)),
                    ("0_stage4_ressum2", ResBlockSum(256)),
                    ("0_stage4_ressum3", ResBlockSum(256)),
                    ("0_stage4_ressum4", ResBlockSum(256)),
                    ("0_stage4_ressum5", ResBlockSum(256)),
                    ("0_stage4_ressum6", ResBlockSum(256)),
                    ("0_stage4_ressum7", ResBlockSum(256)),
                    ("0_stage4_ressum8", ResBlockSum(256)),  # 52 x 52 x 256
output_feature_0
                ]))
            # list1 构建 Backbone 的第二部分，获取 26×26 的特征图
            layer_list.append(OrderedDict([
                # CBL
                ("1_stage5_conv", Conv2dBatchLeaky(256, 512, 3, 2)), # 26 x 26 x 512
                # resunit*8
                ("1_stage5_ressum1", ResBlockSum(512)),
                ("1_stage5_ressum2", ResBlockSum(512)),
                ("1_stage5_ressum3", ResBlockSum(512)),
                ("1_stage5_ressum4", ResBlockSum(512)),
                ("1_stage5_ressum5", ResBlockSum(512)),
                ("1_stage5_ressum6", ResBlockSum(512)),
                ("1_stage5_ressum7", ResBlockSum(512)),
                ("1_stage5_ressum8", ResBlockSum(512)),  # 26 x 26 x 512 output_
feature_1
                ]))
            # list2 构建 Backbone 的第三部分，获取 13×13 的特征图并对其进行预测
            layer_list.append(OrderedDict([
                # CBL
                ("2_stage6_conv", Conv2dBatchLeaky(512, 1024, 3, 2)),  # 13 x
13 x 1024
                # resuint*4
                ("2_stage6_ressum1", ResBlockSum(1024)),
                ("2_stage6_ressum2", ResBlockSum(1024)),
                ("2_stage6_ressum3", ResBlockSum(1024)),
                ("2_stage6_ressum4", ResBlockSum(1024)), # 13 x 13 x 1024 output_
feature_2
                # CBL*5
```

```
                        ("2_headbody1", HeadBody(in_channels=1024, out_channels=512)),
# 13 x 13 x 512
                    ]))
                # list3 获取 13×13 特征图上的检测结果
                layer_list.append(OrderedDict([
                        ("3_conv_1", Conv2dBatchLeaky(in_channels=512, out_channels=1024,
kernel_size=3, stride=1)),
                        ("3_conv_2", nn.Conv2d(in_channels=1024, out_channels=len(anchor_
mask1) * (num_classes + 5), kernel_size=1, stride=1, padding=0, bias=True)),
                    ]))
                # list4 获取 13×13 特征图上的检测结果
                layer_list.append(OrderedDict([
                        ("4_yolo", YOLOLayer([anchors[i] for i in anchor_mask1],num_
classes))
                    ]))

                # list5  上采样
                layer_list.append(OrderedDict([
                        ("5_conv", Conv2dBatchLeaky(512, 256, 1, 1)),
                        ("5_upsample", Upsample(scale_factor=2)),
                    ]))
                # list6 获取 26×26 的特征图上的检测结果
                layer_list.append(OrderedDict([
                        ("6_head_body2", HeadBody(in_channels=768, out_channels=256))
                    ]))
                # list7 获取 26×26 特征图上的检测结果
                layer_list.append(OrderedDict([
                        ("7_conv_1", Conv2dBatchLeaky(in_channels=256, out_channels=512,
kernel_size=3, stride=1)),
                        ("7_conv_2", nn.Conv2d(in_channels=512, out_channels=len(anchor_
mask2) * (num_classes + 5), kernel_size=1, stride=1, padding=0, bias=True)),
                    ])) # predict two
                # list8 获取 26×26 特征图上的检测结果
                layer_list.append(OrderedDict([
                        ("8_yolo", YOLOLayer([anchors[i] for i in anchor_mask2],
num_classes))
                    ]))
```

```
            # list9
            layer_list.append(OrderedDict([
                ("9_conv", Conv2dBatchLeaky(256, 128, 1, 1)),
                ("9_upsample", Upsample(scale_factor=2)),
            ]))
            # list10 获取 52×52 的特征图并对其进行预测
            layer_list.append(OrderedDict([
                ("10_head_body3", HeadBody(in_channels=384, out_channels=128))
# Convalutional Set = Conv2dBatchLeaky * 5
            ]))
            # list11 获取 52×52 特征图上的检测结果
            layer_list.append(OrderedDict([
                ("11_conv_1", Conv2dBatchLeaky(in_channels=128, out_channels=
256, kernel_size=3, stride=1)),
                ("11_conv_2", nn.Conv2d(in_channels=256, out_channels=len(anchor_
mask3) * (num_classes + 5), kernel_size=1, stride=1, padding=0, bias=True)),
            ])) # predict three
            # list12 获取 52×52 特征图上的检测结果
            layer_list.append(OrderedDict([
                ("12_yolo", YOLOLayer([anchors[i] for i in anchor_mask3],
num_classes))
            ])) # 3*((x, y, w, h, confidence) + classes )
            # nn.ModuleList 类似于 Python 中的 list 类型，只是将一系列层装入列表
            self.module_list = nn.ModuleList([nn.Sequential(i) for i in
layer_list])
            # 获取输出结果 list4、list8、list12
            self.yolo_layer_index = get_yolo_layer_index(self.module_list)
```

第二步：定义网络的前向传播过程。代码实现如下所示。

```
        def forward(self, x):
            # 前向传播
            img_size = x.shape[-1]
            output = []
            # list0
            x = self.module_list[0](x)
            x_route1 = x
            # list1
            x = self.module_list[1](x)
```

```
x_route2 = x
# list2
x = self.module_list[2](x)
# list3
yolo_head = self.module_list[3](x)
# list4 输出结果
yolo_head_out_13x13 = self.module_list[4][0](yolo_head, img_size)
output.append(yolo_head_out_13x13)
# list 5
x = self.module_list[5](x)
# 融合
x = torch.cat([x, x_route2], 1)
# list6
x = self.module_list[6](x)
# list7
yolo_head = self.module_list[7](x)
# list8
yolo_head_out_26x26 = self.module_list[8][0](yolo_head, img_size)
output.append(yolo_head_out_26x26)
# list9
x = self.module_list[9](x)
# 融合
x = torch.cat([x, x_route1], 1)
# list10
x = self.module_list[10](x)
# list11
yolo_head = self.module_list[11](x)
# list12
yolo_head_out_52x52 = self.module_list[12][0](yolo_head, img_size)
output.append(yolo_head_out_52x52)
# 训练时直接输出 3 个尺度的结果
# train_out: torch.Size([5, 3, 13, 13, 85])
# train_out: torch.Size([5, 3, 26, 26, 85])
# train_out: torch.Size([5, 3, 52, 52, 85])
# 预测时进行拼接
# inference_out: torch.Size([5, 10647, 85])
if self.training:
    return output
else:
    io, p = list(zip(*output))  # inference output, training output
    return torch.cat(io, 1), p
```

第三步：在这里按以下步骤进行模型测试，代码实现如下所示。

```
# 定义模型输入
dummy_input = torch.Tensor(5, 3, 416, 416)
# 模型初始化
model = Yolov3(num_classes=80)
# 模型训练：打印网络输出结果
print("-----------train")
model.train()
for res in model(dummy_input):
    print("res:", np.shape(res))
# 模型预测：打印网络输出结果
print("-----------eval")
model.eval()
inference_out, train_out = model(dummy_input)
print("inference_out:", np.shape(inference_out))
for o in train_out:
    print("train_out:", np.shape(o))
```

结果是：训练时，各尺度按照[N，anchor 个数，特征图大小，(x, y, w, h, confidence) + classes )]的形式输出；预测时，将各个尺度的预测结果组合在一起进行输出。具体如下所示。

```
-----------train
res: torch.Size([5, 3, 13, 13, 85])
res: torch.Size([5, 3, 26, 26, 85])
res: torch.Size([5, 3, 52, 52, 85])
-----------eval
inference_out: torch.Size([5, 10647, 85])
train_out: torch.Size([5, 3, 13, 13, 85])
train_out: torch.Size([5, 3, 26, 26, 85])
train_out: torch.Size([5, 3, 52, 52, 85])
```

2）Yolov3tiny 模型

对于速度要求比较高的项目，Yolov3tiny 是首要选择。Yolov3tiny 是 Yolov3 的简化版本，其整体框架如图 3.100 所示。其与 Yolov3 的主要区别是：Yolov3tiny 的主干网络删除了残差模块，采用一个 7 层的"Conv+Max Pooling"网络提取特征，输出采用的是 13×13、26×26 的分辨率特征图进行目标检测，精度相对比较低。精度低一个很重要的原因是 Yolov3tiny 的主干网络比较浅（7 层），不能提取出更高层次的语义特征，但与 Yolov3 相比速度会提升很多。

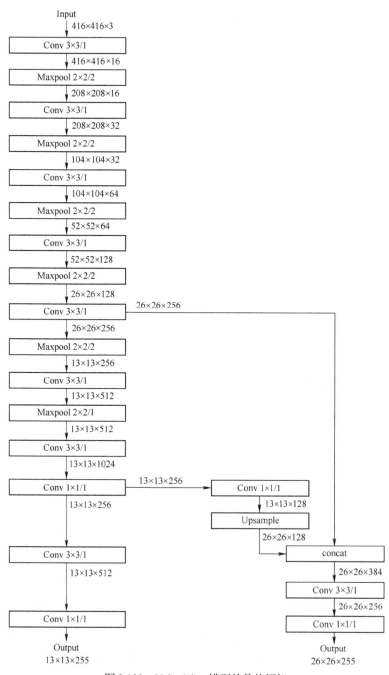

图 3.100　Yolov3tiny 模型的整体框架

Yolov3tiny 的网络测试与 Yolov3 的测试是一样的，只要将模型初始化改为 Yolov3tiny 的初始化就可以了。

第一步：定义网络输入并对模型进行初始化。代码实现如下所示。

```
# 定义模型输入
dummy_input = torch.Tensor(5, 3, 416, 416)
# 模型初始化
model = Yolov3Tiny(num_classes=80)
```

第二步：网络测试输出结果。代码实现如下所示。

```
# 模型训练：打印网络输出结果
print("-----------train")
model.train()
for res in model(dummy_input):
    print("res:", np.shape(res))
# 模型预测：打印网络输出结果
print("-----------eval")
model.eval()
inference_out, train_out = model(dummy_input)
print("inference_out:", np.shape(inference_out))
for o in train_out:
    print("train_out:", np.shape(o))
```

结果是：训练时，各个尺度按照 $3×[(x, y, w, h, \text{confidence}) + \text{classes}]$ 的形式输出；预测时，将各个尺度的预测结果组合在一起进行输出。具体如下所示。

```
-----------train
res: torch.Size([5, 3, 13, 13, 85])
res: torch.Size([5, 3, 26, 26, 85])
-----------eval
inference_out: torch.Size([5, 2535, 85])
train_out: torch.Size([5, 3, 13, 13, 85])
train_out: torch.Size([5, 3, 26, 26, 85])
```

## 4．模型训练

模型训练的部分流程如图 3.101 所示。

训练的模型代码在 yolo_v3/train.py 文件中；解析配置文件的代码在 yolo_v3/cfg/face.data 文件中。

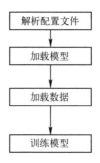

图 3.101  模型训练的部分流程

1）解析配置文件

配置文件中有一些相关参数，具体如下所示。

```
cfg_model=yolo
classes=1
gpus=0
num_workers=8
batch_size=9
img_size=416
multi_scale=True
epochs=5
train=/datasets/anno/train.txt
valid=/datasets/anno/valid.txt
names=./cfg/face.names
finetune_model=/yolo_v3/face-pretrain/latest_416.pt
lr_step=10,20,30
lr0=0.0001
root_path=/model/datasets
```

包括类别个数、batch_size、epochs 等参数。解析配置文件的实现代码如下所示。

```
# 解析配置文件：返回训练配置参数，类型：字典
    get_data_cfg = parse_data_cfg(data_cfg)
    gpus = get_data_cfg['gpus']
    num_workers = int(get_data_cfg['num_workers'])
    cfg_model = get_data_cfg['cfg_model']
    train_path = get_data_cfg['train']
```

```
        num_classes = int(get_data_cfg['classes'])
        finetune_model = get_data_cfg['finetune_model']
        batch_size = int(get_data_cfg['batch_size'])
        img_size = int(get_data_cfg['img_size'])
        multi_scale = get_data_cfg['multi_scale']
        epochs = int(get_data_cfg['epochs'])
        lr_step = str(get_data_cfg['lr_step'])
        lr0 = float(get_data_cfg['lr0'])
        root_path = str(get_data_cfg['root_path'])
        os.environ['CUDA_VISIBLE_DEVICES'] = gpus
        device = select_device()

        if multi_scale == 'True':
            multi_scale = True
        else:
            multi_scale = False
```

2）加载模型

加载模型的流程是实例化模型结构，设置模型训练结果的位置，设置优化器和学习率。具体实现如下所示。

第一步：实例化模型结构。根据实际场景选择 Yolov3 或者 Yolov3tiny，完成模型的实例化并指定 weight 的路径。代码实现如下所示。

```
    # 加载模型
    pattern_data_ = data_cfg.split("/")[-1:][0].replace(".data","")
    if "-tiny" in cfg_model:
        model = Yolov3Tiny(num_classes)
        # weights-yolov3-face-tiny
        weights = './weights-yolov3-{}-tiny/'.format(pattern_data_)
    else:
        model = Yolov3(num_classes)
        # weights-yolov3-face
        weights = './weights-yolov3-{}/'.format(pattern_data_)
    # 将模型数据移动到device当中
    model = model.to(device)
```

第二步：设置模型训练结果的位置，并创建对应的文件。代码实现如下所示。

```
# 创建保存训练结果的路径
if not os.path.exists(weights):
    os.mkdir(weights)
# 设置模型保存文件，保存训练结果
latest = weights + 'latest_{}.pt'.format(img_size)
```

第三步：设置优化器和学习率。优化器使用带动量的 SGD 优化方法，学习率衰减使用分段常数衰减方法实现，需要事先定义好训练次数区间，在对应区间采用不同的学习率，对应配置文件中的 lr_step。图 3.102 即为分段常数衰减的学习率变化图，横坐标代表训练次数，纵坐标代表学习率。

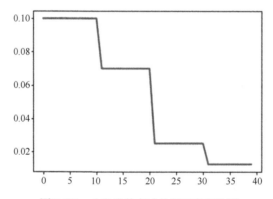

图 3.102　分段常数衰减的学习率变化图

代码实现如下所示。

```
# 优化器
optimizer = torch.optim.SGD(model.parameters(), lr=lr0, momentum=0.9,
weight_decay=0.0005)
# 学习率衰减的策略
milestones=[int(i) for i in lr_step.split(",")]
print('milestones : ',milestones)
# gamma：学习率下降的乘数因子,last_epoch=-1 表示第一阶段的学习率使用初始学习率
scheduler = torch.optim.lr_scheduler.MultiStepLR(optimizer, milestones=
milestones, gamma=0.1,last_epoch= - 1)
```

3）加载数据

在加载数据集的章节中已经介绍了如何使用 LoadImagesAndLabels 类读取数据集中的数据并进行增强。在实际加载数据集的过程中，数据量往往都很大，需要以下几个功能：

- 分批次读取；
- 对数据进行随机读取，对数据进行打乱操作（shuffling），打乱数据集内数据分布的顺序；
- 并行加载数据（利用多核处理器加快载入数据的效率）。

这时候就需要使用 DataLoader 类了，DataLoader 并不需要自己设计代码，只需要利用 DataLoader 类读取我们设计好的 LoadImagesAndLabels 类即可。实现代码如下所示。

```
# 用之前创建好的 Dataset 类创建数据对象
dataset = LoadImagesAndLabels(train_path, batch_size=batch_size, img_size=
img_size, augment=True, multi_scale=multi_scale,root_path=root_path)
print('---------------->>> imge num : ',dataset.__len__())
# 利用 DataLoader 读取我们的数据对象，并设定 batch-size，使用 DataLoader 进行模型训练
dataloader = DataLoader(dataset,
                        batch_size=batch_size,
                        num_workers=num_workers,
                        shuffle=True,
                        collate_fn=dataset.collate_fn)
```

4）训练模型

训练模型的流程如下所示。

第一步：设置训练参数，包括迭代次数、损失值的列表。实现代码如下所示。

```
# 开始训练，记时
t = time.time()
# 一个 epoch 中有多少个批次
nB = len(dataloader)
# 学习率预热的迭代次数
n_burnin = min(round(nB / 5 + 1), 1000)  # burn-in batches
# 开始训练的标识，用于进行学习率调整
flag_start = False
# 设置列表，用来记录损失值的变化，进行绘图
xy_loss = []
wh_loss = []
```

```
conf_loss = []
cls_loss = []
total_loss = []
```

第二步：开始训练，训练轮数为 epoch 的值。实现代码如下所示。

```
# 以 epoch 的值为轮数为数据进行遍历
for epoch in range(0, epochs):
    # 训练模型
    model.train()
    # 训练开始后，第一轮使用初始学习率，从第二轮开始，学习率按照步进式衰减
    if flag_start:
        scheduler.step()
    flag_start = True
    # loss 初始化，定义一个字典
    mloss = defaultdict(float)
```

第三步：根据 batch_size 的值分批次操作数据。实现代码如下所示。

```
for i, (imgs, targets, img_path_, _) in enumerate(dataloader):
    # 获取图像尺寸
    multi_size = imgs.size()
    # 写入设备中
    imgs = imgs.to(device)
    targets = targets.to(device)
    # 获取目标个数
    nt = len(targets)
    if nt == 0:  # if no targets continue
        continue
```

第四步：学习率预热。学习率预热就是在模型训练初始时采用比较保守的学习率，防止学习率过大导致模型无法收敛，等训练一段时间或者经过几轮迭代，模型稳定后，再修改为预先设置的学习率进行训练，如图 3.103 所示。实现代码如下所示。

```
# 学习率预热，获取当前的学习率
if epoch == 0 and i <= n_burnin:
    lr = lr0 * (i / n_burnin) ** 4
```

```
for x in optimizer.param_groups:
    x['lr'] = lr
```

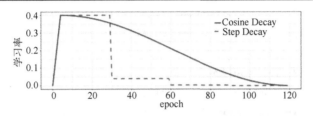

图 3.103 学习率预热

第五步：模型预测，将数据送入模型进行预测，并进行反向传播。实现代码如下所示。

```
# 模型预测
pred = model(imgs)
# 创建目标值，根据标注信息构建目标值
target_list = build_targets(model, targets)
# 损失计算，loss_dict 是字典，其中包括位置的损失 loss_xy、loss_wh，置信度损失
loss_conf，以及分类损失 loss_cls 和总损失 loss。而 loss=loss_xy+loss_wh+loss_conf+
loss_cls
loss, loss_dict = compute_loss(pred, target_list)
# 反向传播
loss.backward()
# 在下一轮次开始前修正优化策略
if (i + 1) == nB:
    optimizer.step()
    optimizer.zero_grad()
```

第六步：打印训练结果。实现代码如下所示。

```
# 计算平均损失
        for key, val in loss_dict.items():
            # 求当前迭代的各个损失的平均值
            mloss[key] = (mloss[key] * i + val) / (i + 1)
        # 打印结果、损失、目标个数等
        print('  Epoch {:3d}/{:3d},  Batch  {:6d}/{:6d},  Img_size
{}x{}, nTargets {}, lr {:.6f}, loss: xy {:.3f}, wh {:.3f}, '
```

```
                            'conf {:.3f}, cls {:.3f}, total {:.3f}, time {:.3f}s'.
format(epoch, epochs - 1, i, nB - 1, multi_size[2], multi_size[3]
                         , nt, scheduler.get_lr()[0], mloss['xy'], mloss['wh'],
 mloss['conf'], mloss['cls'], mloss['total'], time.time() - t),
                            end = '\n')
                # 将相关的损失保存下来
                xy_loss.append(mloss["xy"])
                wh_loss.append(mloss['wh'])
                conf_loss.append(mloss['conf'])
                cls_loss.append(mloss['cls'])
                total_loss.append(mloss['total'])
                # 计时
                t = time.time()
```

第七步：保存模型。将模型参数保存下来，将最后一次训练的结果保存下来，并且每隔 5 个 epoch 保存一次结果。实现代码如下所示。

```
        # 创建 checkpoint
        chkpt = {'epoch': epoch,
                'model': model.module.state_dict() if type(
                    model) is nn.parallel.DistributedDataParallel else model.
state_dict(),
                }

        # 保存最后一次训练的结果
        torch.save(chkpt, latest)

        # 每隔 5 个 epoch 保存一个结果
        if epoch > 0 and epoch % 5 == 0:
            torch.save(chkpt, weights + 'yoloV3_{}_epoch_{}.pt'.format(img_
size,epoch))

        # 删除 checkpoint
        del chkpt
```

第八步：可视化训练结果。实现代码如下所示。

```
# 创建第一张画布
plt.figure(0)
# 绘制坐标损失曲线
plt.plot(xy_loss,label="xy Loss")
# 绘制宽高损失曲线，颜色为红色
plt.plot(wh_loss, color="red", label="wh Loss")
# 绘制置信度损失曲线，颜色为绿色
plt.plot(conf_loss, color="green", label="conf Loss")
# 绘制分类损失曲线，颜色为绿色
plt.plot(cls_loss, color="yellow", label="cls Loss")
# 绘制总损失曲线，颜色为蓝色
plt.plot(total_loss, color="blue", label="sum Loss")
# 曲线说明在左上方
plt.legend(loc='upper left')
# 保存图片
plt.savefig("./loss.png")
```

第九步：运行代码，获得训练结果并进行展示。实现代码如下所示。

```
loading yolo-v3 finetune_model ~~~~~~/yolo_v3/face-pretrain/latest_ 416.pt
milestones : [10, 20, 30]
multi_scale : True
LoadImagesAndLabels init : /anno/train.txt
shuffle image...
Multi scale images training, init img_size 416
--------------->>> imge num : 12880
  ~~~~
/data/anaconda3/envs/open-mmlab/lib/python3.6/site-packages/torch/optim/
lr_scheduler.py:396: UserWarning: To get the last learning rate computed by the
scheduler, please use 'get_last_lr()'.
    "please use 'get_last_lr()'.", UserWarning)
    Epoch  0/ 4, Batch  1609/ 1609, Img_size 480x480, nTargets 101,
lr 0.000100, loss: xy 0.413, wh 0.165, conf 0.433, cls 0.000, total 1.011,
time 0.594s
```

```
    ~~~~
    Epoch   1/  4, Batch   1609/  1609, Img_size 352x352, nTargets 36, lr
0.000100, loss: xy 0.417, wh 0.167, conf 0.431, cls 0.000, total 1.015, time
0.349s
    ~~~~
    Epoch   2/  4, Batch   1609/  1609, Img_size 384x384, nTargets 248,
lr 0.000100, loss: xy 0.412, wh 0.163, conf 0.417, cls 0.000, total 0.993,
time 0.389s
    ~~~~
    Epoch   3/  4, Batch   1609/  1609, Img_size 416x416, nTargets 20, lr
0.000100, loss: xy 0.407, wh 0.162, conf 0.426, cls 0.000, total 0.995, time
0.478s
    ~~~~
    Epoch   4/  4, Batch   1609/  1609, Img_size 416x416, nTargets 51, lr
0.000100, loss: xy 0.403, wh 0.161, conf 0.425, cls 0.000, total 0.989, time
0.475s
    well done ~
```

训练过程中损失函数的变化如图 3.104 所示。

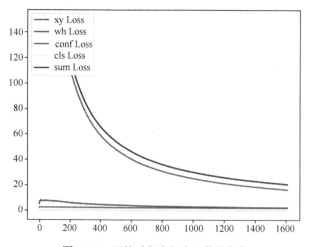

图 3.104　训练过程中损失函数的变化

# 第 4 章

# PyTorch 基础

## 4.1　PyTorch 简介

　　PyTorch 不仅是一个基于 Python 的深度学习库，还是一个科学计算包。它的底层类似于 Torch 框架的底层，但是又加入了很多新的内容，提供了直接调用 Python 的接口，在支持静态图的基础上同时支持使用动态图。语言方面主要以 Python 为主，能够利用 GPU 加速，在网络中也具有自动求导功能。

　　PyTorch 使用张量（Tensor）作为核心的数据结构，类似于 Numpy 数组。由于 PyTorch 发展到现在已经趋于成熟，且张量库也提供了丰富的函数和 API，所以我们在使用张量时不用理解 PyTorch 中的后向传播、模型优化、计算图等计算细节，只需要转换变量的类型即可。

### 4.1.1　Tensor 数据类型

　　要想使用张量，首先要定义各种数据类型的变量。PyTorch 框架中有自己定义数据类型的方式，以下是其常用的数据类型。

　　（1）torch.FloatTensor：可以输出浮点型张量，输入的参数可以是一个列表，也可以是一个固定的值，这个值表示了这个张量的维度是多少。

在 pycharm 中输入：

```
import torch
a=torch.FloatTensor(1,2)
b=torch.FloatTensor([1,2,3,4])
print(a)
print(b)
```

运行后输出的结果是：

```
tensor([[0., 0.]])
tensor([1., 2., 3., 4.])
```

最后看到，运行后输出的结果为两组浮点型张量，然而因为我们指定了前者的维度，所以前面的一组是生成了固定维度的张量，而后者是按照给定的列表生成的浮点型变量。

（2）torch.IntTensor：可以输出整型张量，输入的参数可以是一个列表，也可以是一个固定的值，这个值表示了这个张量的维度是多少。

在 pycharm 中输入：

```
import torch
a=torch.IntTensor(1,2)
b=torch.IntTensor([1,2,3,4])
print(a)
print(b)
```

运行后输出的结果是：

```
tensor([[0, 0]], dtype=torch.int32)
tensor([1, 2, 3, 4], dtype=torch.int32)
```

最后看到，运行后输出的结果为两组整型张量。

（3）torch.rand：可以输出维度指定的浮点型随机张量，和生成随机数的方法相似，这里随机生成的值在 0~1 区间的均匀分布内取值。

在 pycharm 中输入：

```
import torch
a=torch.rand(2,3)
print(a)
```

运行后输出的结果是：

```
tensor([[0.9446, 0.0394, 0.6960],
        [0.2474, 0.2245, 0.7052]])
```

（4）torch.randn：和 torch.rand 方法类似，不同的是，随机生成的数据的取值满足均值为 0、方差为 1 的正态分布。

在 pycharm 中输入：

```
import torch
a=torch.randn(2,3)
print(a)
```

运行后输出的结果是：

```
tensor([[ 0.8356,  1.1727, -0.0073],
        [ 0.2978, -0.9822,  0.0749]])
```

（5）torch.range：可以输出浮点型张量，这个张量包括一个开始范围和一个结束范围，所以输入的参数有 3 个，分别是开始范围、结束范围和步长。其中，步长代表开始范围到结束范围每步的间隔。

在 pycharm 中输入：

```
import torch
a=torch.range(1,5,1)
print(a)
```

运行后输出的结果是：

```
tensor([1., 2., 3., 4., 5.])
```

（6）torch.zeros：可以输出浮点型张量，输入的参数可以是一个列表，也可以是一个固定的值，这个值表示了这个张量的维度是多少，但这个浮点型的张量中的元素值全为 0。

在 pycharm 中输入：

```
import torch
a=torch.zeros(2,3)
print(a)
```

运行后输出的结果是：

```
tensor([[0., 0., 0.],
        [0., 0., 0.]])
```

## 4.1.2 Tensor 运算

接下来我们介绍一些关于张量的简单运算，如求绝对值、加法、减法、乘法、除法等运算。

（1）torch.add：对输入的参数进行求和操作，可以对张量和张量进行相加操作，也可以对张量和标量进行相加操作。

在 pycharm 中输入：

```
import torch
a=torch.randn(1,2)
print(a)
b=torch.randn(1,2)
print(b)
c=torch.add(a,b)
print(c)
d=torch.randn(1,2)
print(d)
e=torch.add(d,1)
print(e)
```

运行后输出的结果是：

```
tensor([[-1.5037,  0.8055]])
tensor([[-0.6701, -0.0646]])
tensor([[-2.1738,  0.7409]])
tensor([[-1.7553, -1.9214]])
tensor([[-0.7553, -0.9214]])
```

（2）torch.abs：对输入的参数进行取绝对值操作，输入的参数必须是一个张量数据类型的变量。

在 pycharm 中输入：

```
import torch
a=torch.randn(2,3)
print(a)
b=torch.abs(a)
print(b)
```

运行后输出的结果是：

```
tensor([[-0.9496, -0.4492,  0.3118],
        [ 1.3679, -0.1577, -0.7748]])
tensor([[0.9496, 0.4492, 0.3118],
        [1.3679, 0.1577, 0.7748]])
```

（3）torch.clamp：对输入的对象进行裁剪操作，裁剪的范围可以自己设置，然后将结果输出。输入参数有 3 个，即裁剪对象、裁剪的下边界和裁剪的上边界。

在 pycharm 中输入：

```
import torch
a=torch.randn(2,3)
print(a)
b=torch.clamp(a,-0.1,0.1)
print(b)
```

运行后输出的结果是：

```
tensor([[ 1.0468, -1.1006,  0.1248],
        [-0.4474, -0.3348, -0.7916]])
tensor([[ 0.1000, -0.1000,  0.1000],
        [-0.1000, -0.1000, -0.1000]])
```

（4）torch.div：对输入的参数进行求商操作，可以对张量和张量进行求商操作，也可以对张量和标量进行求商操作。

在 pycharm 中输入：

```
import torch
a=torch.randn(2,3)
print(a)
b=torch.randn(2,3)
print(b)
c=torch.div(a,b)
print(c)
```

运行后输出的结果是：

```
tensor([[ 1.1634,  1.4785,  0.5362],
        [-0.6431, -0.7632,  0.9546]])
tensor([[-0.2585, -1.2458, -2.3955],
        [ 1.8097,  0.3274, -0.9748]])
```

```
tensor([[-4.5005, -1.1868, -0.2238],
        [-0.3553, -2.3311, -0.9793]])
```

（5）torch.mul：对输入的参数进行求积操作，可以对张量和张量进行求积操作，也可以对张量和标量进行求积操作。

在 pycharm 中输入：

```
import torch
a=torch.randn(2,3)
print(a)
b=torch.randn(2,3)
print(b)
c=torch.mul(a,b)
print(c)
```

运行后输出的结果是：

```
tensor([[ 0.2431,  0.3125, -0.0720],
        [-1.0847,  0.6552,  0.6692]])
tensor([[-0.1083,  0.2259, -1.2642],
        [ 0.5679, -0.5339,  0.6394]])
tensor([[-0.0263,  0.0706,  0.0910],
        [-0.6160, -0.3498,  0.4279]])
```

（6）torch.pow：对输入的参数进行求幂操作。

在 pycharm 中输入：

```
import torch
a=torch.randn(2,3)
print(a)
b=torch.pow(a,2)
print(b)
```

运行后输出的结果是：

```
tensor([[ 0.2706, -0.2798, -1.4896],
        [ 0.1683,  0.5088,  0.8144]])
tensor([[0.0732, 0.0783, 2.2189],
        [0.0283, 0.2589, 0.6632]])
```

（7）torch.mm：对输入的参数进行求积操作，但和 torch.mul 的求积方式不同，torch.mm

的求积遵守的是矩阵之间的乘法法则，传入的参数必须是矩阵。

在 pycharm 中输入：

```
import torch
a=torch.randn(2,3)
print(a)
b=torch.randn(3,2)
print(b)
c=torch.mm(a,b)
print(c)
```

运行后输出的结果是：

```
tensor([[-0.5458, -0.8438, -1.9743],
        [ 1.4167,  1.2252, -0.1955]])
tensor([[ 0.0056,  1.4114],
        [-0.4938,  1.1291],
        [ 0.5276, -0.1054]])
tensor([[-0.6280, -1.5151],
        [-0.7001,  3.4034]])
```

（8）torch.mv：对输入的参数进行求积操作，但和之前两种求积方式都不同。torch.mv 代表的是一个矩阵和一个向量之间的乘法运算。此 API 有特定的顺序，传入的第一个参数是矩阵，第二个参数是向量，且不能调换顺序。

在 pycharm 中输入：

```
import torch
a=torch.randn(2,3)
print(a)
b=torch.randn(3)
print(b)
c=torch.mv(a,b)
print(c)
```

运行后输出的结果是：

```
tensor([[1.1695, 0.4381, 1.1282],
        [0.9851, 3.3559, 0.0515]])
tensor([0.8970, 0.1611, 0.0534])
tensor([1.1798, 1.4270])
```

### 4.1.3 搭建简单的神经网络

我们现在使用 PyTorch 框架来搭建一个简单的神经网络模型，具体代码如下，我们将分成几部分一一介绍。

导入相关库：

```
import torch
batch=100
hidden_layer=100
input_ayer=1000
output_layer=10
```

先通过 import torch 导入 PyTorch 框架，然后定义 4 个整型变量，这 4 个变量分别是：batch，表示训练过程中在一个批次中送入网络的图片数目，batch=100 代表一个批次输入 100 张图片；input_layer，表示输入层的神经元个数，input_layer=1000 代表输入层有 1000 个神经元，即每个数据的特征有 1000 个；hidden_layer，表示中间隐藏层的神经元个数，hidden_layer=100 表示中间隐藏层的数据特征个数有 100 个，此处因为是一个简单模型，所以只考虑了一层隐藏层；output_layer，表示输出层的神经元个数，此处为 10，和输出的分类种类相对应，表示最后要进行 10 个种类的分类。

一个数据完整的传递流程是：从数据集中选取 100 个具有 1000 个特征的样本，其经过输入层到隐藏层后变成 100 个具有 100 个特征的数据，最后从输出层输出 100 个具有 10 个特征的数据，这 10 个特征对应分类结果，得到输出结果后计算损失函数并进行后向传播，这就是一次模型的训练过程。可以设置轮次，通过循环这个流程就可以完成指定次数的训练，并且可以迭代减小损失函数，优化模型参数。

从输入层到隐藏层的初始化定义代码如下：

```
x=torch.randn(batch,input_layer)
y= torch.randn(batch,output_layer)
w1= torch.randn(input_layer,hidden_layer)
w2= torch.randn(hidden_layer,output_layer)
```

我们可以从以上代码看出，层与层之间，输入与输出使用的参数维度是一致的。由于在此案例中只是选择 torch.randn 来生成指定维度的随机参数作为其初始化参数，并没有采用较好的参数初始化方法，所以效果不太好。并且标签值 y 也是通过随机的方式生成的，所以在计算损失函数时会得到较大的损失函数。

设置学习率和训练的轮次：

```
epoch=10
learning_rate=1e-3
```

这样就能够开始训练模型并且优化参数了。

优化神经网络参数的方法是梯度下降法，所以需要定义后向传播的次数和梯度下降使用的学习率，以上 epoch 为训练的轮次，代表总共训练 10 轮次，所以需要通过循环让程序进行 10 次训练来优化参数。学习率为 "1e-3"，即 0.001。

接下来对模型进行训练并优化，代码如下：

```
for epoch in range(epoch):
        h1=x.mm(w1)
        h1=h1.clamp(min=0)
        y_pred=h1.mm(w2)
        loss=(y_pred-y).pow(2).sun()
        print("Epoch：{},Loss：{:.4f}".format{epoch,loss})

        grad_y_pred=2*(y_pred-y)
        grad_w2=h1.t().mm(grad_y_pred)
        grad_h=grad_y_pred.clone()
        grad_h=grad_h.mm(w2.t())
        grad_h.clamp_(min=0)
        grad_w1=x.t().mm(grad_h)

        w1-=learning_rate*grad_w1
        w2-= learning_rate*grad_w2
```

上面的代码首先设置了一个循环，epoch 为 10，代表总共循环 10 次，之后的代码是具体的前向传播和后向传播步骤，采用梯度下降法进行参数的优化和更新。在代码的前向传播过程中，通过计算两个矩阵的乘法来得出预测结果，然后对结果采用 clamp 的方法进行裁剪，将小于零的值丢弃并全部重新赋值为零，类似于加上了一个 ReLU 激活函数的功能。

y_pred 代表最后的预测结果，有了预测值之后就可以进行损失函数的计算，计算预测值和真实值之间的误差值，使用均方差函数，用 loss 表示损失函数。之后是经过后向传播对参数进行优化，最终的结果可以看作所有节点的链式求导结果相乘，这样计算比较方便。

从上面的代码中可知，grad_w1 和 grad_w2 是所有参数对应的梯度。最后使用学习率对 grad_w1 和 grad_w2 进行更新，最终会将 10 个轮次的 loss 值都打印出来，方便我们看到损失值的变化情况。输出的结果如下：

```
Epoch：0，  Loss：234454.2736
Epoch：1，  Loss：209745.8192
Epoch：2，  Loss：190003.9104
Epoch：3，  Loss：173310.0425
Epoch：4，  Loss：158852.8867
Epoch：5，  Loss：146166.5634
Epoch：6，  Loss：135001.0021
Epoch：7，  Loss：125112.6267
Epoch：8，  Loss：116299.7282
Epoch：9，  Loss：94897.7605
```

从输出的结果中可以看出，loss 值从之前的较大误差逐渐缩减收敛，这说明我们的模型经过 10 次训练和参数优化之后，得到的预测值和真实值之间的差距越来越小。

## 4.2　自动求梯度

我们已经构建了一个简单的模型，但是后向传播部分的具体代码没有给出，其中的难点是对模型计算逻辑的梳理。后向传播的原理是求解链式求导，但是要我们手动实现此代码就过于复杂了，PyTorch 中已经写好了实现其的这种类和方法，主要放在了 torch.autograd 包中。torch. autograd 包中提供了丰富的类。接下来将重点介绍 torch.autograd 包，其可以自动计算训练过程中用到的梯度值。

实现自动计算梯度值的具体流程是：首先输入一个张量，经过前向传播后生成一张计算图，根据这个计算图计算出所有参数需要更新的梯度值，并在后向传播的过程中完成梯度值的更新。

torch.autograd 包能够实现自动求梯度值的原因是：torch.autograd 包里的 Variable 类会对张量类型的变量进行封装，封装之后，计算图中的各个节点都是一个 Variable 对象，这样就方便自动求梯度值了。

例如，随机选一个节点，用 X 表示，那么分别用 X.data 和 X.grad.data 这两种方法可以访问该张量类型的变量的数据和梯度值。

下面通过一个自动求梯度值的示例来看如何使用 torch.autograd.Variable 类和 torch.autograd

包。同样搭建一个两层结构的神经网络模型（有利于前后对比），代码如下：

```
import torch
from torch.autograd import Variable
batch = 100
input_layer = 1000
hidden_layer = 100
output_layer = 10
```

和之前构建的模型代码差不多，唯一不同的是增加了代码"from torch.autograd import Variable"，这句代码表示导入 torch.autograd 包。

由于"Variable(torch.randn(batch,input_layer),requires_grad=False)"这句代码表示通过 torch.autograd 包里的 Variable 类对张量类型的变量进行封装。其中，requires_grad 代表在计算过程中是否保留梯度值。所以对于 x 和 y，将其设置为 False；对于两个权重 w1 和 w2，需要将其设置为 True，代码如下：

```
x = Variable(torch.randn(batch,input_layer),requires_grad=False)
y = Variable(torch.randn(batch,output_layer),requires_grad=False)
w1 = Variable(torch.randn(input_layer,hidden_layer),requires_grad=True)
w2 = Variable(torch.randn(hidden_layer,output_layer),requires_grad=True)
```

之后定义模型的训练次数和学习率，将训练次数 epoch_n 设为 10，将学习率 learning_rate 设置为 1e-6，代码如下：

```
epoch_n = 10
learning_rate = 1e-6
for epoch in range(epoch_n):
    y_pred=x.mm(w1).clamp(min=0).mm(w2)
    loss=(y_pred-y).pow(2).sum()
    print("Epoch:{},Loss:{:.4f}".format(epoch,loss.item()))
    loss.backward()
    w1.data-=learning_rate*w1.grad.data
    w2.data-=learning_rate*w2.grad.data
    w1.grad.data.zero_()
    w2.grad.data.zero_()
```

经过我们改进后的代码仅使用一句"loss.backward()"就可以替代之前整个后向传播的代码，使整个代码更干净、简洁。最后的损失输出结果如下：

```
Epoch:0,Loss:55312300.0000
Epoch:1,Loss:118774296.0000
Epoch:2,Loss:406488800.0000
Epoch:3,Loss:638160512.0000
Epoch:4,Loss:36372276.0000
Epoch:5,Loss:14221023.0000
Epoch:6,Loss:7780441.0000
Epoch:7,Loss:4880841.5000
Epoch:8,Loss:3347269.0000
Epoch:9,Loss:2459699.5000
```

# 4.3　构建模型和优化参数

接下来看看如何基于 PyTorch 深度学习框架用简单的方式构建出复杂的神经网络模型，同时让模型参数的优化方式趋于高效。在构建神经网络模型的时候，我们可以使用 PyTorch 中已定义的类和方法，这些类和方法覆盖了神经网络中的线性变换、激活函数、卷积层、全连接层、池化层等常用的神经网络结构，在完成构建后，我们还可以使用 PyTorch 提供的优化函数完成对模型参数的优化。除此之外，还有很多防止模型在训练过程中发生过拟合的类。

## 4.3.1　torch.nn

构建神经网络模型的时候经常会用到一些结构，如卷积层、池化层和全连接层等，这些结构在 PyTorch 中的 torch.nn 包里，并且写好了很多类。这些类包含了构建神经网络模型的常用功能，如层次构造的方法、优化参数的方法，以及激活函数部分的方法等。

下面使用 torch.nn 包来简化我们之前的代码：

```
import torch
from torch.autograd import Variable
batch = 100
input_layer = 1000
hidden_layer = 100
output_layer = 10
x = Variable(torch.randn(batch,input_layer),requires_grad=False)
y = Variable(torch.randn(batch,output_layer),requires_grad=False)
models=torch.nn.Sequential(
    torch.nn.Linear(input_layer,hidden_layer),
    torch.nn.ReLU(),
```

```
        torch.nn.Linear(hidden_layer,output_layer)
    )
```

（1）torch.nn.Sequential：其是一种序列容器，构建模型的主体，也就是说将各层的序列传递给其，模块将按照构造函数中传递的顺序被添加到模型中。最重要的是其输入参数会按照我们定义好的序列自动传递下去。输入参数通常有两种方法，一种是在代码内直接嵌套加入，另一种是以 orderdict 有序字典的方式进行传入。前者构建完成后，各层的名称是从零开始的整型数字序列，后者构建的模型，其各层的名称是可以自定义的。下面通过实例展示这两种方法的区别。

① 使用直接嵌套方法构建模型的代码如下：

```
input_layer = 1000
hidden_layer = 100
output_layer = 10
models=torch.nn.Sequential(
    torch.nn.Linear(input_layer,hidden_layer),
    torch.nn.ReLU(),
    torch.nn.Linear(hidden_layer,output_layer)
)
print(models)
```

对该模型的结构进行打印输出的代码如下：

```
Sequential(
    (0): Linear(in_features=1000, out_features=100, bias=True)
    (1): ReLU()
    (2): Linear(in_features=100, out_features=10, bias=True)
)
```

② 使用 orderdict 有序字典方法构建模型的代码如下：

```
from collections import OrderedDict
input_layer = 1000
hidden_layer = 100
output_layer = 10
models=torch.nn.Sequential(OrderedDict([
    ("Line1",torch.nn.Linear(input_layer,hidden_layer)),
    ("Relu1",torch.nn.ReLU()),
    ("Line2",torch.nn.Linear(hidden_layer,output_layer))])
)
print(models)
```

对该模型的结构进行打印输出的代码如下：

```
Sequential(
  (Line1): Linear(in_features=1000, out_features=100, bias=True)
  (Relu1): ReLU()
  (Line2): Linear(in_features=100, out_features=10, bias=True)
)
```

（2）torch.nn.Linear：该函数可以定义线性层，即需要使用全连接层的时候可以使用该函数，需要输入的参数有 3 个，分别是输入特征维度、输出特征维度和是否使用偏置。在实际使用的过程中，输入参数后，就会自动产生权重和偏置。

（3）torch.nn.ReLU：该函数属于激活函数分类，即需要使用激活函数的时候可以使用该函数，不需要输入任何参数。除了 ReLU 激活函数，还有许多其他的函数可以使用。

接下来对已经构建好的模型进行训练并对其参数进行优化，代码如下：

```
epoch_n = 10
learning_rate = 1e-6
loss_fn=torch.nn.MSELoss()
```

计算损失函数的时候使用的是 torch.nn.MSELoss，而在之前我们构建的模型里使用自定义的损失函数来计算损失。下面简单介绍一下常用损失函数的用法。

（1）torch.nn.MSELoss：此函数代表采用均方差函数对两个值做计算，这两个值需要维度相同。示例代码如下：

```
import torch
from torch.autograd import Variable
loss_f=torch.nn.MSELoss()
x=Variable(torch.randn(100,100))
y=Variable(torch.randn(100,100))
loss=loss_f(x,y)
print(loss.data)
```

由代码可以看到，输入的两个参数都是维度为(100,100)的参数，之后采用均方误差来计算两组参数的损失值。打印输出结果如下：

```
tensor(2.0230)
```

（2）torch.nn.L1Loss：此函数采用 L1 正则化进行优化。L1 正则化就是平均绝对误差函数，使用这个函数对两个值进行计算，同样需要输入的两个值的维度相同。示例代码如下：

```
import torch
from torch.autograd import Variable
loss_f=torch.nn.L1Loss()
x=Variable(torch.randn(100,100))
y=Variable(torch.randn(100,100))
loss=loss_f(x,y)
print(loss.data)
```

打印输出结果如下：

```
tensor(1.1272)
```

（3）torch.nn.CrossEntropyLoss：该函数代表对输入参数进行交叉熵计算，需要传入两个维度相同的参数。示例代码如下：

```
import torch
from torch.autograd import Variable
loss_f=torch.nn.CrossEntropyLoss()
x=Variable(torch.randn(3,5))
y=Variable(torch.LongTensor(3).random_(5))
loss=loss_f(x,y)
print(loss.data)
```

这里我们定义 x 是一个维度为(3，5)的随机参数，定义 y 是 3 个范围为 0～4 的随机数字。然后计算 x、y 参数的损失值，打印输出结果如下：

```
tensor(2.4334)
```

### 4.3.2  torch.optim

在之前的代码中，参数优化函数都比较简单，如使用固定的学习率。如果想要使用一些高级的参数优化函数，则可以在 torch.optim 包中找到这些能对参数自动优化的类，如常用的 SGD、AdsGrad、RMSProp、Adam 等。示例代码如下：

```
import torch
from torch.autograd import Variable
batch = 100
input_layer = 1000
hidden_layer = 100
output_layer = 10
```

```
x = Variable(torch.randn(batch,input_layer),requires_grad=False)
y = Variable(torch.randn(batch,output_layer),requires_grad=False)
models=torch.nn.Sequential(
    torch.nn.Linear(input_layer,hidden_layer),
    torch.nn.ReLU(),
    torch.nn.Linear(hidden_layer,output_layer)
)
epoch_n=10000
learning_rate=1e-4
loss_fn=torch.nn.MSELoss()
optimzer=torch.optim.Adam(models.parameters(),lr=learning_rate)
for epoch in range(epoch_n):
    y_pred=models(x)
    loss=loss_fn(y_pred,y)
    print("Epoch:{},Loss:{:.4f}".format(epoch, loss.item()))
    optimzer.zero_grad()
    loss.backward()
    optimzer.step()
```

在代码中采用 Adam 类优化模型，Adam 可以在更新梯度值的过程中自适应调节学习率，也就是在训练过程中的不同阶段采用不同的学习率，这样训练的效果一般更理想。需要输入的是被优化的对象和学习率的初始值，学习率的默认值是 1e-3。

更新梯度值的过程中，需要进行归零操作和更新操作。如果对梯度值不进行归零操作，等到下一轮的时候，梯度值就是累加的了，会导致更新梯度值错误。在代码中，通过使用 optimzer.zero_grad 函数对梯度值进行归零操作；使用 optimzer.step 函数完成每个节点梯度值的更新操作。这里只进行 20 次训练并打印 Loss 值，代码如下：

```
Epoch:0,Loss:1.0177
Epoch:1,Loss:0.9959
Epoch:2,Loss:0.9748
Epoch:3,Loss:0.9541
Epoch:4,Loss:0.9341
Epoch:5,Loss:0.9146
Epoch:6,Loss:0.8956
Epoch:7,Loss:0.8771
Epoch:8,Loss:0.8589
Epoch:9,Loss:0.8413
Epoch:10,Loss:0.8239
Epoch:11,Loss:0.8070
```

```
Epoch:12,Loss:0.7906
Epoch:13,Loss:0.7745
Epoch:14,Loss:0.7589
Epoch:15,Loss:0.7437
Epoch:16,Loss:0.7289
Epoch:17,Loss:0.7143
Epoch:18,Loss:0.7001
Epoch:19,Loss:0.6861
```

# 4.4　案例：基于 PyTorch 的 CIFAR-10 图片分类

从现在开始我们采用 PyTorch 框架和 CIFAR-10 数据集对图片进行分类，具体代码如下：

```
# coding = utf-8
import torch
import torch.nn
import numpy as np
from torchvision.datasets import CIFAR10
from torchvision import transforms
from torch.utils.data import DataLoader
from torch.utils.data.sampler import SubsetRandomSampler
import torch.nn.functional as F
import torch.optim as optimizer

data_path = '../CIFAR_10_zhuanzhi/cifar10'
cifar = CIFAR10(data_path, train=True, download=False, transform=_task)
```

其中，"download=False" 这个参数代表不下载数据集，如果读者需要下载数据集，则可改为"download=True"；data_path 代表数据集的存放路径。

案例中将整个数据集划分为 3 部分：训练集、验证集和测试集，划分的比例可以自己制定，此处使用了 0.8 和 0.9 这两个参数，代表以 80%和 90%的比例将整个数据集长度索引空间切分成 3 部分，第一部分为训练集，第二、第三部分分别为验证集和测试集，具体代码如下：

```
samples_count = len(cifar)
split_train = int(0.8 * samples_count)
split_valid = int(0.9 * samples_count)
```

```
        index_list = list(range(samples_count))
        train_idx, valid_idx, test_idx = index_list[:split_train], index_list
[split_train:split_valid], index_list[split_valid:]
    # 定义采样器
    # create training and validation, test sampler
    train_sampler = SubsetRandomSampler(train_idx)
    valid_sampler = SubsetRandomSampler(valid_idx)
    test_samlper = SubsetRandomSampler(test_idx )

    # create iterator for train and valid, test dataset
    trainloader = DataLoader(cifar, batch_size=256, sampler=train_sampler)
    validloader = DataLoader(cifar, batch_size=256, sampler=valid_sampler)
    testloader = DataLoader(cifar, batch_size=256, sampler=test_samlper )
    # 网络设计
    class Net(torch.nn.Module):
        """
        网络设计了 3 个卷积层、一个池化层、一个全连接层
        """
        def __init__(self):
            super(Net, self).__init__()
            self.conv1 = torch.nn.Conv2d(3, 16, 3, padding=1)
            self.conv2 = torch.nn.Conv2d(16, 32, 3, padding=1)
            self.conv3 = torch.nn.Conv2d(32, 64, 3, padding=1)
            self.pool = torch.nn.MaxPool2d(2, 2)
            self.linear1 = torch.nn.Linear(1024, 512)
            self.linear2 = torch.nn.Linear(512, 10)
        # 前向传播
        def forward(self, x):
            x = self.pool(F.relu(self.conv1(x)))
            x = self.pool(F.relu(self.conv2(x)))
            x = self.pool(F.relu(self.conv3(x)))
            x = x.view(-1, 1024)
            x = F.relu(self.linear1(x))
            x = F.relu(self.linear2(x))
            return x
```

接下来进入主函数入口，训练模型并加载图片测试模型，具体代码如下：

```
    if __name__ == "__main__":
```

```python
        net = Net()  # 实例化网络
        loss_function = torch.nn.CrossEntropyLoss()  # 定义交叉熵损失
        # 定义优化算法
        optimizer = optimizer.SGD(net.parameters(), lr=0.01, weight_decay=
1e-6, momentum=0.9, nesterov=True)
        # 迭代次数
        for epoch in range(1, 31):
            train_loss, valid_loss = [], []
            net.train()  # 训练开始
            for data, target in trainloader:
                optimizer.zero_grad()  # 梯度值置 0
                output = net(data)
                loss = loss_function(output, target)  # 计算损失
                loss.backward()  # 反向传播
                optimizer.step()  # 更新参数
                train_loss.append(loss.item())

            net.eval()  # 验证开始
            for data, target in validloader:
                output = net(data)
                loss = loss_function(output, target)
                valid_loss.append(loss.item())
            print("Epoch:{}, Training Loss:{}, Valid Loss:{}".format(epoch,
np.mean(train_loss), np.mean(valid_loss)))
        print("======= Training Finished ! =========")
        print("Testing Begining ... ")  # 模型测试
        total = 0
        correct = 0
        for i, data_tuple in enumerate(testloader, 0):
            data, labels = data_tuple
            output = net(data)
            _, preds_tensor = torch.max(output, 1)
            total += labels.size(0)
            correct += np.squeeze((preds_tensor == labels).sum().numpy())
        print("Accuracy : {} %".format(correct/total))
```

训练结果如图 4.1 所示。

```
Epoch:23, Training Loss:0.22579325431851066, Valid Loss:1.2054966151714326
Epoch:24, Training Loss:0.1763725934704398, Valid Loss:1.4280047178268434
Epoch:25, Training Loss:0.14482512234882183, Valid Loss:1.5223559379577636
Epoch:26, Training Loss:0.1182489699334096, Valid Loss:1.6246343553066254
Epoch:27, Training Loss:0.09526390793501952, Valid Loss:1.6482794106006622
Epoch:28, Training Loss:0.0713878153900432, Valid Loss:1.782575750350952
Epoch:29, Training Loss:0.06830491099482888, Valid Loss:1.8757913768291474
Epoch:30, Training Loss:0.07302109032252412, Valid Loss:1.8369325816631317
====== Training Finished ! =========
Testing Begining ...
Accuracy : 0.7032 %
```

图 4.1　训练结果

最后输出的是一个张量，需要将其处理成数值才能进行准确率计算。numpy()方法能将张量转化为数组，然后使用 squeeze 将数组转化为数值。在设计网络模型时，要求前一层的输出是后一层的输入，通道维度要对应正确。

第 **5** 章

# PaddlePaddle 基础

## 5.1　PaddlePaddle 卷积神经网络基础

计算机视觉，言简意赅，就是教会计算机如何跟人一样去感知外界。本节将主要介绍基于 PaddlePaddle 框架下的计算机视觉。说到计算机视觉，就不得不提卷积神经网络，其极大程度上模拟人脑视觉系统，是计算机视觉的基础。详细地说，就是让计算机去识别图片或者视频中的物体，或者对物体做检测、跟踪，理解外界的场景。其目的是建立能够从图片或者视频中"感知"信息的人工系统。

那为什么我们要使用卷积层，而不是直接使用全连接层的神经网络对图片进行处理呢？主要有以下两个原因：

（1）需要处理的数据量大，效率低。

例如，我们处理一张 112×112 像素的图片，如图 5.1 所示，参数量是 112×112×3=37632。这仅是一张图片的参数量，大量的数据处理起来是非常消耗资源的。

（2）在对图片进行维度改变的过程中，全连接层对其处理的准确率不高。

例如，图 5.2 中的左上角的位置像素为 1，特征向量是(1，0，0，0)。经过维度变化后，左上角部分调整到了右下角，特征向量是(0，0，0，1)。圆形在不同的位置会有不同的数据表达。其实图片本质没有发生变化，物体也没变，只是位置发生了变化。所以，当我们移动图片中的物体时，全连接层处理的结果会差异很大，这也是图像处理方面的弊端。

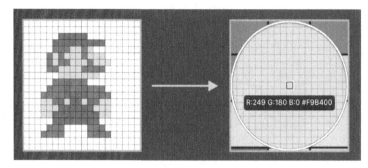

图 5.1　全连接网络处理图片

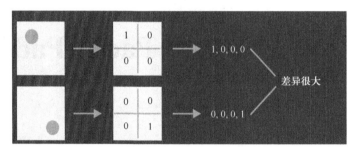

图 5.2　维度改变过程

### 5.1.1　CNN 的构成

　　CNN 的想法来源于人类的视觉神经系统。人类的视觉原理是：在人眼视网膜上产生像素图片后，首先会做初步处理，大脑会提取出一些初级特征，如边缘特征和方向特征。接着提取一些更高级的特征，判断物体的局部形状。最后进一步提取抽象特征，判断这个物体到底是什么，图 5.3 中的就是人脸。

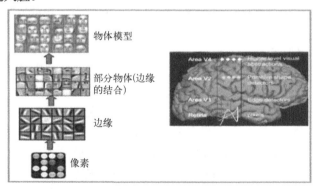

图 5.3　人类视觉原理

如图 5.4 所示，CNN 包含卷积层、池化层和全连接层。其中，池化层的作用是减少模型参数，降维、防止过拟合；卷积层的作用是提取图像特征；全连接层的作用是输出结果。

图 5.4　卷积层、池化层和全连接层

整个 CNN 的网络结构如图 5.5 所示。

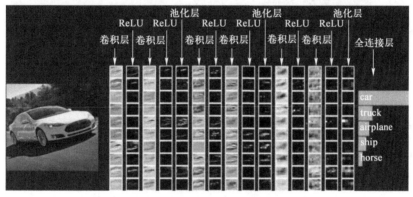

图 5.5　整个 CNN 的网络结构

## 5.1.2　卷积层

卷积层的作用是提取图像特征，采用不同的卷积核会提取出不一样的特征。如图 5.6 所示，一张图片经过卷积核过滤处理后会保留图片中的边缘信息。

图 5.6　卷积层提取图像特征

如图 5.7 所示，卷积的运算实质上就是卷积核和输入图片做点积。

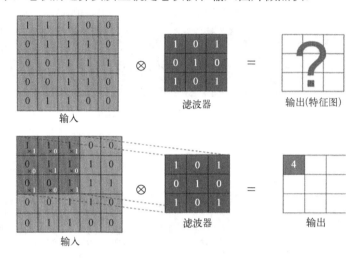

图 5.7　图像卷积运算

图 5.7 中左上角点的计算方法如图 5.8 所示。

$1×1+1×0+1×1+0×0+1×1+1×0+0×1+0×0+1×1=$ 　4

图 5.8　图 5.7 中左上角点的计算方法

同理，可以计算其他点，得到最终的卷积结果，如图 5.9 所示。

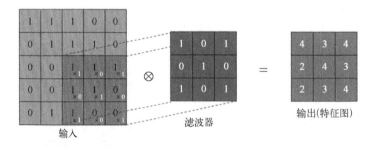

图 5.9　最终的卷积结果

## 5.1.3　填充

我们可以发现，随着卷积过程的进行，特征图会越来越小。为了保证特征图的大小不变，可以在图片周围使用 padding（填充）方法，如图 5.10 所示。

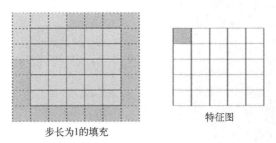

步长为1的填充　　　　　　　　特征图

图 5.10　图像填充

## 5.1.4　步长

按照步长（stride）为 1 来移动卷积核计算特征图，如图 5.11 所示。

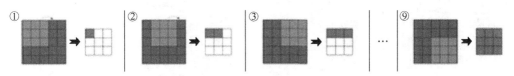

图 5.11　按步长为 1 移动卷积核

如果我们把 stride 增大，如设为 2，也是可以提取特征图的，如图 5.12 所示。

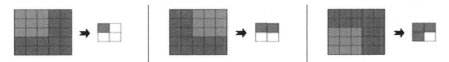

图 5.12　按步长为 2 移动卷积核

## 5.1.5　多通道卷积

实际中我们用的图片都是 RGB 图片或者彩色图片，都是由多个通道组成的，那么多通道怎么计算卷积呢？首先需要卷积核的通道数和输入图片（Input Image）的通道数相同，当输入图片和卷积核进行卷积时，只需要将输入图片的多通道拆解成多个单通道，然后每个单通道再与对应的卷积核进行卷积，最后将每个通道的卷积结果按位相加得到最终的特征图，如图 5.13 和图 5.14 所示。

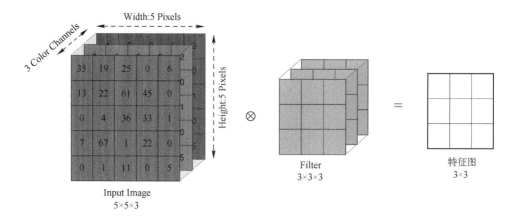

图 5.13　多通道卷积

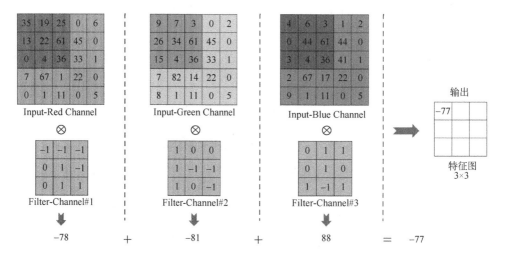

图 5.14　多通道卷积计算方法

## 5.1.6　多卷积核卷积

如果有多个卷积核时怎么计算呢？计算方式：每个卷积核分别与图片进行卷积，对应产生有多个通道的特征图，如图 5.15 所示有两个卷积核，所以输出特征图有两个通道。

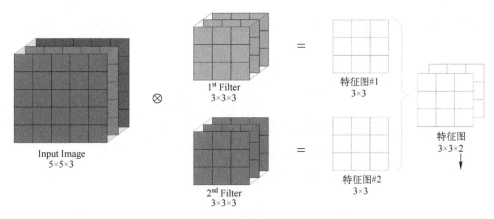

图 5.15　多卷积核卷积

## 5.1.7　特征图大小

通过以下方法确定特征图的大小：输入一张图片，大小为 $H_1 \times W_1 \times D_1$，代表图片的宽度、高度和通道数。这里有 4 个超参数，即 $K$、$F$、$S$ 和 $P$，其中 $K$ 是卷积核数量，$F$ 是卷积核大小，$S$ 是步长，$P$ 是零填充大小。输出特征图的大小我们定义为 $H_2 \times W_2 \times D_2$，则有以下的对应公式：

$$H_2=(H_1-F+2P)/S+1 \tag{5.1}$$
$$W_2=(W_1-F+2P)/S+1 \tag{5.2}$$
$$D_2=K \tag{5.3}$$

接下来举一个小例子，我们将输入图片的宽度和高度定义为 5×5、卷积核的大小为 3×3，填充为 1，步长为 1，通过式（5.1）～式（5.3）可以得出输出特征图的大小为 5×5（宽度×高度）。

如图 5.16 所示为输出特征图大小的计算。

## 5.1.8　池化层

池化层对输入的参数进行降维，减小了模型的规模，提升了计算速度，主要起到了防止过拟合的作用，它的处理方式主要通过下采样实现，通常有两种池化方式。

（1）最大池化（Max Pooling）：将图片划分成

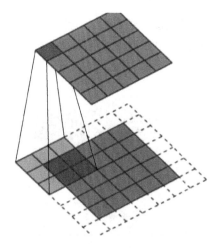

图 5.16　输出特征图大小的计算

$N \times N$ 个网格，每个网格取其最大的像素值作为该网格的像素值（见图 5.17），一般这种方法用得比较多。

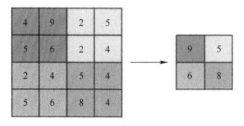

图 5.17　最大池化

（2）均值池化（Average Pooling）：将图片划分成 $N \times N$ 个网格，每个网格取其像素值的平均值作为该网格的像素值（见图 5.18）。

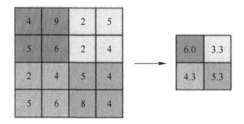

图 5.18　均值池化

### 5.1.9　全连接层

输入图片通过卷积层和池化层后，最后来到全连接层，全连接层是整个网络的末端，用来输出，可以输出分类类型或者回归类型，如图 5.19 所示。

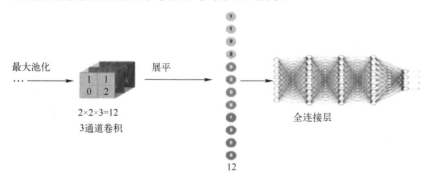

图 5.19　全连接层输出

## 5.2　PaddlePaddle 基本运算

PaddlePaddle 和 Pandas、Numpy 等科学计算库类似，给我们提供了大量的 API 用以计算，只不过 PaddlePaddle 处理的对象是张量。接下来我们将介绍基于 PaddlePaddle 的加法、减法、乘法、除法等基本运算操作，其大部分的 API 都在 paddle.fluid 中。

（1）fluid.layers.fill_constant：用于创建常量，传入的参数有 shape、dtype 和 value。其中，shape 为张量的维度；dtype 为数据类型；value 为具体数据的值。

例如，我们输入：

```
import paddle.fluid as fluid
# 创建两个常量
a = fluid.layers.fill_constant(shape=[1],   # 张量的维度
                               dtype="int64",  # 数据类型
                               value=1)      # 值
b = fluid.layers.fill_constant(shape=[1],   # 张量的维度
                               dtype="int64",  # 数据类型
                               value=2)      # 值
print(a)
print(b)
```

输出结果为

```
Tensor(shape=[1], dtype=int64, place=CUDAPlace(0), stop_gradient=True,
       [1])
Tensor(shape=[1], dtype=int64, place=CUDAPlace(0), stop_gradient=True,
       [2])
```

（2）fluid.layers.create_tensor：用于创建变量，传入的参数常有 dtype 和 name。其中，dtype 为数据类型，可以是整型或者浮点型；name 为变量名。在 PaddlePaddle 中，经常会用到一个执行器（exe），定义好数据后，将数据传入执行器执行即可。

例如，我们输入：

```
import paddle.fluid as fluid
import numpy as np
import paddle
paddle.enable_static()
```

```
# 创建两个张量
x = fluid.layers.create_tensor(dtype='int64', name='x')  #创建变量 x 占位
y = fluid.layers.create_tensor(dtype='int64', name='y')  #创建变量 y 占位
# 创建执行器，并初始化
place = fluid.CPUPlace()  # 指定运行在 CPU 上
exe = fluid.Executor(place)  # 创建执行器
exe.run(fluid.default_startup_program())  # 初始化系统参数
# 准备数据
a = np.array([1, 1, 1])
b = np.array([2, 2, 2])
params = {"x": a, "y": b}
# 喂入数据并执行
result1,result2 = exe.run(fluid.default_main_program(),  # 执行默认主程序
            feed=params,  # 喂入参数
            fetch_list=[x,y])  # 获取计算结果
print(result1)
print(result2)
```

输出结果为

```
[1 1 1]
[2 2 2]
```

（3）paddle.sum：此 API 对一个张量指定维度上的元素进行求和运算，然后将求和结果输出，也就是张量内部元素求和。注意：此 API 并不是张量与张量之间的求和。

例如，我们输入：

```
import numpy as np
import paddle

x_data = np.array([[0.2, 0.3, 0.5, 0.9],[0.1, 0.2, 0.6, 0.7]]).
astype ('float32')
x = paddle.to_tensor(x_data)
out1 = paddle.sum(x)  # [3.5] 指所有元素求和
out2 = paddle.sum(x, axis=0)  # [0.3, 0.5, 1.1, 1.6] 指按列元素求和
out3 = paddle.sum(x, axis=-1)  # [1.9, 1.6] 指按行元素求和
out4 = paddle.sum(x, axis=1, keepdim=True)  # [[1.9], [1.6]] 指按行元素求和
print(out1)
print(out2)
```

```
print(out3)
print(out4)
```

输出结果为

```
Tensor(shape=[1], dtype=float32, place=CUDAPlace(0), stop_gradient=True,
      [3.50000000])
Tensor(shape=[4], dtype=float32, place=CUDAPlace(0), stop_gradient=True,
      [0.30000001, 0.50000000, 1.10000002, 1.59999990])
Tensor(shape=[2], dtype=float32, place=CUDAPlace(0), stop_gradient=True,
      [1.89999998, 1.59999990])
Tensor(shape=[2, 1], dtype=float32, place=CUDAPlace(0), stop_gradient=
True,
      [[1.89999998],
       [1.59999990]])
```

（4）paddle.add：该 API 是逐元素相加算子，$x$ 和 $y$ 两个向量对应元素逐个相加，然后将每个位置的输出返回。输入 $x$ 与输入 $y$ 必须满足广播机制，$x$、$y$ 均为多维向量。输出维度为广播后的形状。

例如，我们输入：

```
import paddle
x = paddle.to_tensor([1, 2, 3], 'int64')
y = paddle.to_tensor([4, 5, 6], 'int64')
z = paddle.add(x, y)
print(z)
```

输出结果为

```
Tensor(shape=[3], dtype=int64, place=CUDAPlace(0), stop_gradient=True,
      [5, 7, 9])
```

（5）paddle.subtract：该 API 是逐元素相减算子，$x$ 和 $y$ 两个向量对应元素逐个相减，然后将每个位置的输出返回。输入 $x$ 与输入 $y$ 必须满足广播机制，$x$、$y$ 均为多维向量。输出维度为广播后的形状。

例如，我们输入：

```
import numpy as np
import paddle
x = paddle.to_tensor([[5, 6], [7, 8]])
```

```
y = paddle.to_tensor([[1, 2], [3, 4]])
result = paddle.subtract(x, y)
print(result)
```

输出结果为

```
Tensor(shape=[2, 2], dtype=int32, place=CUDAPlace(0), stop_gradient=True,
       [[4, 4],
        [4, 4]])
```

（6）paddle.matmul：该 API 是计算两个张量的乘积，遵循完整的广播规则。如果两个张量均为一维，则得到点积结果；如果两个张量都是二维的，则获得矩阵与矩阵的乘积；如果 $x$ 是 2 维的，而 $y$ 是 1 维的，获得矩阵与向量的乘积。

例如，我们输入：

```
import numpy as np
import paddle
x1_data = np.random.random([2]).astype(np.float32)
y1_data = np.random.random([2]).astype(np.float32)
x1 = paddle.to_tensor(x1_data)
y1 = paddle.to_tensor(y1_data)
z1 = paddle.matmul(x1, y1)
print(z1.numpy().shape)
x2_data = np.random.random([2, 5]).astype(np.float32)
y2_data = np.random.random([5]).astype(np.float32)
x2 = paddle.to_tensor(x2_data)
y2 = paddle.to_tensor(y2_data)
z2 = paddle.matmul(x2, y2)
print(z2.numpy().shape)
x3_data = np.random.random([2, 5, 2]).astype(np.float32)
y3_data = np.random.random([2]).astype(np.float32)
x3 = paddle.to_tensor(x3_data)
y3 = paddle.to_tensor(y3_data)
z3 = paddle.matmul(x3, y3)
print(z3.numpy().shape)
x4_data = np.random.random([2, 5, 2]).astype(np.float32)
y4_data = np.random.random([2, 2, 5]).astype(np.float32)
x4 = paddle.to_tensor(x4_data)
y4 = paddle.to_tensor(y4_data)
```

```
z4 = paddle.matmul(x4, y4)
print(z4.numpy().shape)
x5_data = np.random.random([2, 1, 5, 2]).astype(np.float32)
y5_data = np.random.random([1, 3, 2, 5]).astype(np.float32)
x5 = paddle.to_tensor(x5_data)
y5 = paddle.to_tensor(y5_data)
z5 = paddle.matmul(x5, y5)
print(z5.numpy().shape)
```

输出结果为

```
(1,)
(2,)
(2, 5)
(2, 5, 5)
(2, 3, 5, 5)
```

（7）paddle.mm：该 API 可以实现两个矩阵的相乘。

例如，我们输入：

```
import paddle
input1 = paddle.arange(1, 4).reshape((3, 1)).astype('float32')
input2 = paddle.arange(1, 4).reshape((1, 3)).astype('float32')
out = paddle.mm(input, input2)
print(out)
```

输出结果为

```
Tensor(shape=[3, 3], dtype=float32, place=CUDAPlace(0), stop_gradient=True,
       [[1., 2., 3.],
        [2., 4., 6.],
        [3., 6., 9.]])
```

（8）paddle.divide：该 API 是逐元素相除算子，$x$ 和 $y$ 两个向量对应元素逐个相除，然后将每个位置的输出返回。输入 $x$ 与输入 $y$ 必须满足广播机制，$x$、$y$ 均为多维向量。输出维度为广播后的形状。

例如，我们输入：

```
import paddle
import numpy as np
```

```
x = np.array([2, 5, 4]).astype('float64')
y = np.array([1, 5, 2]).astype('float64')
x = paddle.to_tensor(x)
y = paddle.to_tensor(y)
z = paddle.divide(x, y)
print(z)
```

输出结果为

```
Tensor(shape=[3], dtype=float64, place=CUDAPlace(0), stop_gradient=True,
       [2., 1., 2.])
```

# 5.3 使用 PaddlePaddle 高层 API 直接调用分类网络

之前我们已经详细介绍过图像分类的原理及基于 PaddlePaddle 框架的实现，但是在模型构建那里还是比较复杂。飞桨 PaddlePaddle 从 2.0 版本以来做了很多升级，除去那些基础的 API，现在还支持了许多高层 API，使用更加灵活、方便。在 paddle.vision.models 包里面完成了对模型的封装，包括我们之前提到的很多分类网络，直接使用一句代码就可以调用这些网络，快速完成模型训练。

代码示例如下：

```
import paddle
from paddle.vision.models import resnet50
# 调用高层 API 的 resnet50 模型
model = resnet50()
# 设置 pretrained 参数为 True，可以加载 resnet50 在 ImageNet 数据集上的预训练模型
# model = resnet50(pretrained=True)
# 随机生成一个输入
x = paddle.rand([1, 3, 224, 224])
# 得到残差 50 的计算结果
out = model(x)
# 打印输出的形状，由于 resnet50 默认的是 1000 个分类
# 所以输出 shape 是[1×1000]
print(out.shape)
```

使用 paddle.vision 库中的模型可以快速搭建模型，如下示例，只用一句代码就可调用 resnet50 模型：

```
# 从 paddle.vision.models 模块中插入残差网络、VGG 网络、LeNet 网络
from paddle.vision.models import resnet50, vgg16, LeNet
from paddle.vision.datasets import Cifar10
from paddle.optimizer import Momentum
from paddle.regularizer import L2Decay
from paddle.nn import CrossEntropyLoss
from paddle.metric import Accuracy
from paddle.vision.transforms import Transpose
# 确保从 paddle.vision.datasets.Cifar10 中加载的图像数据是 np.ndarray 类型
paddle.vision.set_image_backend('cv2')
# 调用 resnet50 模型
model = paddle.Model(resnet50(pretrained=False, num_classes=10))
# 使用 Cifar10 数据集
train_dataset = Cifar10(mode='train', transform=Transpose())
val_dataset = Cifar10(mode='test', transform=Transpose())
# 定义优化器
optimizer = Momentum(learning_rate=0.01,
                     momentum=0.9,
                     weight_decay=L2Decay(1e-4),
                     parameters=model.parameters())
# 进行训练前的准备
model.prepare(optimizer, CrossEntropyLoss(), Accuracy(topk=(1, 5)))
# 启动训练
model.fit(train_dataset,
          val_dataset,
          epochs=50,
          batch_size=64,
          save_dir="./output",
          num_workers=8)
```

# 5.4  手写数字识别案例

导入相关的库和包：

```
#加载飞桨和相关类库
import paddle
from paddle.nn import Linear
import paddle.nn.functional as F
```

```
import os
import numpy as np
import matplotlib.pyplot as plt
```

## 5.4.1 数据处理及数据加载

可以直接在 paddle.vision.datasets.MNIST 包里调用处理好的 MNIST 训练集、测试集，PaddlePaddle 还支持如 MNIST、Cifar 等常用的数据集。

想要将数据集送入网络，就要先设置一个数据读取器，实现代码如下所示：

```
# 设置数据读取器，API 自动读取 MNIST 训练集
train_dataset = paddle.vision.datasets.MNIST(mode='train')
```

通过如下代码读取任意一个数据内容，观察打印结果（见图 5.20）：

```
train_data0 = np.array(train_dataset[0][0])
train_label_0 = np.array(train_dataset[0][1])
# 显示第一个 batch 的第一个图像
import matplotlib.pyplot as plt
plt.figure("Image") # 图像窗口名称
plt.figure(figsize=(2,2))
plt.imshow(train_data0, cmap=plt.cm.binary)
plt.axis('on') # 关掉坐标轴为 off
plt.title('image') # 图像题目
plt.show()
print("图像数据形状和对应数据为:", train_data0.shape)
print("图像标签形状和对应数据为:", train_label_0.shape, train_label_0)
print("\n打印第一个batch的第一个图像，对应标签数字为{}".format(train_label_0))
```

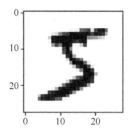

图 5.20　灰度图数字 5

输出结果如下：

```
<Figure size 432x288 with 0 Axes>
Figure size 144x144 with 1 Axes>

图像数据形状和对应数据为: (28, 28)
图像标签形状和对应数据为: (1,) [5]
打印第一个 batch 的第一个图像, 对应标签数字为[5]
```

使用 matplotlib 工具包将其显示出来, 如图 5.21 所示。从图 5.21 中可以看到, 图片显示的数字是 5, 和对应标签数字一致。

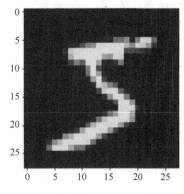

图 5.21　彩色图数字 5

## 5.4.2　网络结构和设置学习率

在此案例中, 因为 MNIST 数据集中的图片都是 28×28 大小的, 所以模型的输入为 784 (28×28) 维的数据, 输出为 1 维的数据, 如图 5.22 所示。

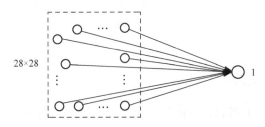

图 5.22　MNIST 输入数据与输出数据的维度

网络理解图片中的场景的时候, 像素的位置信息很关键, 如一张 28×28 大小的图片, 经过维度调整, 成为 1×784 大小的, 这样不便于网络理解图片中的物体和场景。所以模型的输入设计成 28×28 的大小，而不是 1×784 的大小，以便于模型能够正确处理像素之间的空间信息。

以下代码通过定义一个 MNIST 类实现了手写数字识别的网络：

```
# 定义 MNIST 数据识别网络结构
class MNIST(paddle.nn.Layer):
    def __init__(self):
        super(MNIST, self).__init__()
        # 定义一层全连接层，输出的维度为 1
        self.fc = paddle.nn.Linear(in_features=784, out_features=1)
    # 定义网络结构的前向计算过程
    def forward(self, inputs):
        outputs = self.fc(inputs)
        return outputs
```

将参数 mode 设置为"train"，即设置为训练状态，然后使用学习率和优化参数，使用随机梯度下降 SGD 优化器，将学习率设置为 0.001。实现代码如下所示。

```
# 声明网络结构
model = MNIST()
def train(model):
    # 启动训练模式
    model.train()
    # 加载训练集, batch_size 设为 16
    train_loader = paddle.io.DataLoader(paddle.vision.datasets.MNIST
(mode='train'),
                                         batch_size=16,
                                         shuffle=True)
    # 定义优化器，使用随机梯度下降 SGD 优化器，将学习率设置为 0.001
    opt = paddle.optimizer.SGD(learning_rate=0.001, parameters=model.
parameters())
```

## 5.4.3 模型训练及模型推理

整个训练过程从代码上看包括了内外两层循环，这两层循环内外嵌套。其中，内层循环的作用是遍历将分批次的数据集送入网络，而外层循环的作用是设置要循环内层循环的轮次，本次训练外层循环 10 次，实现代码如下所示：

```
# 图像归一化函数，将数据范围为[0, 255]的图像归一化为[0, 1]
def norm_img(img):
```

```
        # 验证传入的数据格式是否正确，img 的 shape 为[batch_size, 28, 28]
        assert len(img.shape) == 3
        batch_size, img_h, img_w = img.shape[0], img.shape[1], img.shape[2]
        # 归一化图像数据
        img = img / 255
        # 将图像形式重塑为[batch_size, 784]
        img = paddle.reshape(img, [batch_size, img_h*img_w])
        return img
import paddle
# 确保从 paddle.vision.datasets.MNIST 中加载的图像数据是 np.ndarray 类型
paddle.vision.set_image_backend('cv2')
# 声明网络结构
model = MNIST()
def train(model):
    # 启动训练模式
    model.train()
    # 加载训练集，将 batch_size 设为 16
    train_loader = paddle.io.DataLoader(paddle.vision.datasets.MNIST
(mode='train'),
                                        batch_size=16,
                                        shuffle=True)
    # 定义优化器，使用随机梯度下降 SGD 优化器，将学习率设置为 0.001
    opt = paddle.optimizer.SGD(learning_rate=0.001, parameters=model.
parameters())
    EPOCH_NUM = 10
    for epoch in range(EPOCH_NUM):
        for batch_id, data in enumerate(train_loader()):
            images = norm_img(data[0]).astype('float32')
            labels = data[1].astype('float32')
            #前向计算的过程
            predicts = model(images)
            # 计算损失
            loss = F.square_error_cost(predicts, labels)
            avg_loss = paddle.mean(loss)
            #每训练 1000 批次的数据，打印当前 loss 的情况
            if batch_id % 1000 == 0:
                print("epoch_id: {}, batch_id: {}, loss is: {}".format
(epoch, batch_id, avg_loss.numpy())))
            #后向传播，更新参数的过程
```

```
                avg_loss.backward()
                opt.step()
                opt.clear_grad()
    train(model)
    paddle.save(model.state_dict(), './mnist.pdparams')
```

训练完成后打印输出的结果如下：

```
    epoch_id: 0, batch_id: 0, loss is: [35.525185]
    epoch_id: 0, batch_id: 1000, loss is: [7.4399786]
    epoch_id: 0, batch_id: 2000, loss is: [2.0210705]
    epoch_id: 0, batch_id: 3000, loss is: [2.325027]
    epoch_id: 1, batch_id: 0, loss is: [2.4414306]
    epoch_id: 1, batch_id: 1000, loss is: [4.6318164]
    epoch_id: 1, batch_id: 2000, loss is: [4.6807127]
    epoch_id: 1, batch_id: 3000, loss is: [5.7014084]
    epoch_id: 2, batch_id: 0, loss is: [3.4229655]
    epoch_id: 2, batch_id: 1000, loss is: [2.1136832]
    epoch_id: 2, batch_id: 2000, loss is: [2.3517294]
    epoch_id: 2, batch_id: 3000, loss is: [6.7515297]
    epoch_id: 3, batch_id: 0, loss is: [4.119179]
    epoch_id: 3, batch_id: 1000, loss is: [4.4800296]
    epoch_id: 3, batch_id: 2000, loss is: [3.4902763]
    epoch_id: 3, batch_id: 3000, loss is: [3.631486]
    epoch_id: 4, batch_id: 0, loss is: [6.123066]
    epoch_id: 4, batch_id: 1000, loss is: [2.8558893]
    epoch_id: 4, batch_id: 2000, loss is: [2.6112337]
    epoch_id: 4, batch_id: 3000, loss is: [2.0097098]
    epoch_id: 5, batch_id: 0, loss is: [3.9023933]
    epoch_id: 5, batch_id: 1000, loss is: [2.1165676]
    epoch_id: 5, batch_id: 2000, loss is: [3.2067215]
    epoch_id: 5, batch_id: 3000, loss is: [2.4574804]
    epoch_id: 6, batch_id: 0, loss is: [1.8463242]
    epoch_id: 6, batch_id: 1000, loss is: [3.4741895]
    epoch_id: 6, batch_id: 2000, loss is: [2.057652]
    epoch_id: 6, batch_id: 3000, loss is: [2.0860665]
    epoch_id: 7, batch_id: 0, loss is: [3.90655]
    epoch_id: 7, batch_id: 1000, loss is: [2.5527935]
    epoch_id: 7, batch_id: 2000, loss is: [3.239427]
```

```
epoch_id: 7, batch_id: 3000, loss is: [6.7344103]
epoch_id: 8, batch_id: 0, loss is: [1.6209174]
epoch_id: 8, batch_id: 1000, loss is: [2.686802]
epoch_id: 8, batch_id: 2000, loss is: [7.759363]
epoch_id: 8, batch_id: 3000, loss is: [3.1380877]
epoch_id: 9, batch_id: 0, loss is: [3.1067057]
epoch_id: 9, batch_id: 1000, loss is: [2.864774]
epoch_id: 9, batch_id: 2000, loss is: [2.528369]
epoch_id: 9, batch_id: 3000, loss is: [4.1854725]
```

模型训练完成后就可以进行测试了，测试的目的是验证训练好的模型能否完成数字识别任务。测试包括以下 4 个步骤：导入包和库；加载 PaddlePaddle 模型：加载之前训练好的模型；加载测试图片，将测试图片传入模型，并将模型的状态参数设置为校验状态 (eval)，设置为 eval 后只会使用前向计算的流程，不计算梯度值和梯度反向传播；输出预测结果，进行预测后作为标签输出。

测试之前需要加载一张测试图片，从./work/example_0.png 文件中读取样例图片，并进行归一化处理，实现代码如下所示：

```python
# 导入图像，读取第三方库
import matplotlib.pyplot as plt
import numpy as np
from PIL import Image


img_path = './work/example_0.jpg'
# 读取并显示原始图像
im = Image.open('./work/example_0.jpg')
plt.imshow(im)
plt.show()
# 将原始图像转为灰度图
im = im.convert('L')
print('原始图像 shape: ', np.array(im).shape)
# 使用 Image.ANTIALIAS 方式采样原始图片
im = im.resize((28, 28), Image.ANTIALIAS)
plt.imshow(im)
plt.show()
print("采样后图片 shape: ", np.array(im).shape)
```

采样后的图片如图 5.23 所示。

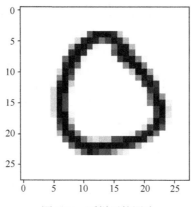

图 5.23 采样后的图片

输出结果为

```
<Figure size 432x288 with 1 Axes>
原始图像 shape: (28, 28)
<Figure size 432x288 with 1 Axes>
采样后图片 shape: (28, 28)
```

测试代码如下所示:

```python
# 读取一张本地的样例图片，将其转变成模型输入的格式
def load_image(img_path):
    # 从 img_path 中读取图像，并转为灰度图
    im = Image.open(img_path).convert('L')
    # print(np.array(im))
    im = im.resize((28, 28), Image.ANTIALIAS)
    im = np.array(im).reshape(1, -1).astype(np.float32)
    # 图像归一化，保持和数据集的数据范围一致
    im = 1 - im / 255
    return im
# 定义预测过程
model = MNIST()
params_file_path = 'mnist.pdparams'
img_path = './work/example_0.jpg'
# 加载模型参数
param_dict = paddle.load(params_file_path)
model.load_dict(param_dict)
# 灌入数据
```

```
model.eval()
tensor_img = load_image(img_path)
result = model(paddle.to_tensor(tensor_img))
print('result',result)
#  预测输出取整，即为预测的数字，打印结果
print("本次预测的数字是", result.numpy().astype('int32'))
```

最后的结果为

```
result Tensor(shape=[1, 1], dtype=float32, place=CPUPlace, stop_gradient=
False,
         [[0.11405170]])
本次预测的数字是 [[0]]
```

# 实 战 篇

第 **6** 章

# 深度学习智能车项目

随着技术的发展与时代的进步，汽车行业正在朝着智能化、无人化的方向发展。无人驾驶也越来越受重视，在过去的十年里，无人驾驶汽车技术取得了巨大进步，主要得益于深度学习和人工智能领域的发展，在这两种技术的蓬勃发展下，深度学习与智能车的结合逐渐被人们所关注，这个研究方向也成为汽车行业发展的一种趋势。

本章和下一章将深度学习智能车项目作为一个完整的实战案例，让读者可以更深刻地了解智能车的底层设计逻辑，以及深度学习算法在智能车上的应用。深度学习智能车的整体外观如图 6.1 所示，其搭载了高性能的处理器。以深度学习框架为基础，底层板载超声波、红外传感器、陀螺仪、地磁、蓝牙等传感器，双摄像头配置，可实现数据采集、模型构建、车道线、人行道、限速标志、弯道待转等，系统涵盖深度学习及无人驾驶视觉算法的应用。

深度学习智能车内的驱动装置使用的是直流电机，4 个车轮上各装有一个直流驱动电机，右边两个电机用一个信号进行驱动控制，左边两个电机也通过一个信号进行驱动控制。智能车使用的电机尾端都安装有编码器，通过编码器可以检测当前电机的旋转情况，以此计算智能车的里程和姿态。

图 6.1 深度学习智能车的整体外观

# 6.1 智能车硬件架构设计

深度学习智能车内置了车载处理器部分和电机控制部分，同时为了方便开发者对智能车的控制策略优化，智能车安装了多种传感器。例如，智能车安装了超声波传感器，在移动时可以通过超声波数据实时判断障碍物信息；在智能车下面安装了红外传感器，可以实现跟踪、检测、完成巡线等功能；在板子内部装载了加速传感器，可以检测设备的加速度、振动、冲击等操作力，以及电子罗盘可以对地磁场进行测量，判断机器人所处的方位，同时加载多路摄像头，用以完成智能车的数据采集、处理、推理等功能。通过这些传感器可以很容易得到智能车的状态信息，方便对其进行操控。深度学习智能车的总体硬件架构如图 6.2 所示。

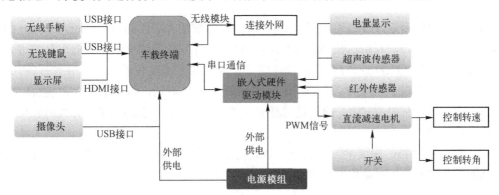

图 6.2 深度学习智能车的总体硬件架构

## 6.2 深度学习智能车各部分介绍

深度学习智能车的主板和传感器板都被装载在车内部，所以在外部是看不到它们的。本节我们将对深度学习智能车的硬件部分进行简要介绍。

（1）电源开关：管理电源，控制连接供应电源和取消供应电源。这个开关可以同时控制装载设备内部的充电电池电源和适配器的电源。

（2）电源指示灯（LED 灯）、蓝牙指示灯（LED 灯）及复位开关：打开设备的电源开关，智能车上的 LED 指示灯会被点亮。电源指示灯有 4 种状态，正常使用时显示为绿色常亮，当电池处于低电量时为绿色闪亮，当电量快要耗尽时为红色闪亮，当电源关闭由数据线供电时为红色常亮。根据这个设备可以判断电源有无故障，以及是否需要进行充电。蓝牙指示灯有 2 种状态，当未连接蓝牙时，黄色指示灯闪亮，通过智能设备连接到蓝牙后，蓝牙指示灯变为常亮。当复位开关被按下后，将初始化单片机程序。

（3）扩展接口：深度学习智能车除了内置的传感器，还可以扩展其他传感器。因此，通过扩展接口还可以搭载视频模块、机械手等多种设备。

（4）电压表：深度学习智能车使用可充电锂电池供电，所以使用中的电源电压当前是多少，电压表上就会显示相应数值，通过这个电压表上显示的电压判断是否要给予电池充电。

（5）程序烧录接口：深度学习智能车使用 mini-USB 接口作为程序烧录接口，使用随机配送的 USB 数据线连接到计算机上，安装完驱动后将会在计算机上识别出嵌入式设备及对应的虚拟串口编号。

（6）超声波传感器：深度学习智能车的四周安装了超声波传感器，利用超声波传感器探测障碍物。

（7）高亮度指示灯（LED 灯）：深度学习智能车的前面和后面都装有直径为 10mm 的高亮度指示灯（LED 灯），利用这些高亮度指示灯（LED 灯）指示深度学习智能车是前进还是后退，高亮度指示灯（LED 灯）前面装的是白色的，后面装的是红色的。

（8）电机和车轮：深度学习智能车使用直流减速电机驱动，每个车轮上都装有一个这样的电机，同一侧（左边，右边）的轮是同时驱动的状态。因此，左边 2 个车轮同时驱动，右边也是同时被驱动。

（9）红外传感器：深度学习智能车上装载的红外传感器支持可检测地面黑白线的功能，此传感器由 8 组发光传感器和收光传感器组成。

## 6.3 软件安装和使用

嵌入式硬件驱动模块可以选择多种芯片进行处理，如常见的 51 单片机、STM32 系列单片机、Arduino 系列单片机等。本节将介绍我们着重使用的 Arduino 单片机，Arduino 更倾向创意，它弱化了具体的硬件操作，它的函数和语法都非常简单，而且非常"傻瓜化"。大部分 Arduino 的主控是 AVR 单片机，Arduino 的优势是代码封装性高，所需语句少，降低了软件的开发难度。Arduino 上手比较容易，只要懂一点点硬件和 C++就能开发。大多数功能都有做好了的库，使用起来很简单。

深度学习智能车使用的 Arduino 控制板搭载的是 ATmega2560 微控制器，其芯片资源网上十分丰富，此处就不再赘述，那么我们怎么将其使用起来呢？

我们通过一个案例演示一下，如果说编程入门是"Hello World!"，那么嵌入式单片机的入门必然是点亮一个 LED 灯。

我们设定一个场景：应用 ATmega2560 微控制器的 GPIO 端口（通用 I/O 端口）试着做打开 LED 灯最简单的练习。将 ATmega2560 的 I/O 端口设定为输出，使用端口发送 LED 信号让 LED 亮。程序一开始，LED 灯就以每 1 秒发亮。

声明 ATmega2560 微控制器的端口为输出，该端口与 LED 连接，被输入的信号由输出信号确认 LED 灯是否打开。

首先我们熟悉一下 Arduino 的控制环境，如图 6.3 所示。

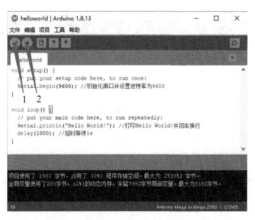

图 6.3　Arduino 的控制环境

将代码粘贴到项目中，单击"✔"进行保存；如图 6.5 所示，配置开发板为"Arduino Mega or Mega 2560"、处理器为"ATmega2560（Mega 2560）"、端口为"COMS（Arduino

Mega or Mega 2560）"；单击"➡"进行编译；如图 6.5 所示，单击右上角的"串口监视器"，可以看到打印出来的输出。

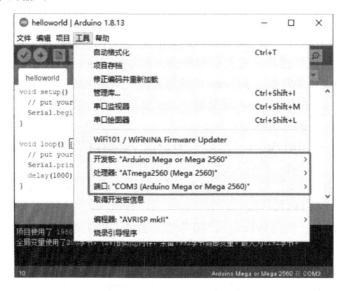

图 6.4　Arduino 端口配置

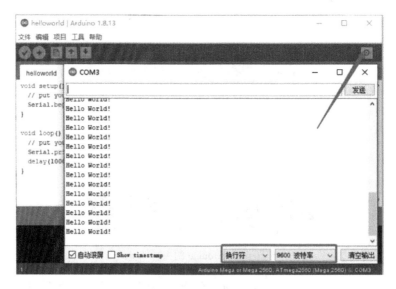

图 6.5　Arduino 串口监视器

## 6.4　点亮深度学习智能车的车灯

### 6.4.1　深度学习智能车车灯介绍

深度学习智能车的车灯使用的是 LED，LED 是 Light Emitting Diode 的缩写，称为发光二极管。LED 灯的功耗比起一般的白炽灯，不到白炽灯的 1/5，LED 灯的反应时间比白炽灯要快一百万倍，寿命为半永久性。

LED 是连接 PN 结的二极管，根据顺时针电流流向，复合电压和空穴，从而实现发光的元件。LED 的标识符和外形如图 6.6 所示。LED 的外形是长边为阳极、短边为阴极。

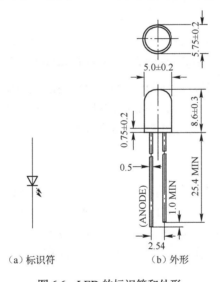

（a）标识符　　　　（b）外形

图 6.6　LED 的标识符和外形

### 6.4.2　智能车 LED 引脚连接配置

深度学习智能车的 LED 引脚连接在 Atmega2560 芯片的 PB4(10)和 PH6(9)端口上，即 ATMega2560 的 PB4、PH6 端口如果被赋值为"1"，那么 LED 灯就被点亮。如表 6.1 所示是深度学习智能车 LED 引脚的连接配置。

表 6.1　深度学习智能车 LED 引脚的连接配置

| 配置 | 名称 | 引脚/号码 |
|---|---|---|
| LED | F_LED_LAMP | PB4/10 |
| | B_LED_LAMP | PH6/9 |

## 6.4.3　智能车 LED 电路设计

深度学习智能车的 LED 连接电路如图 6.7 所示。

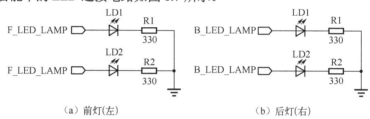

（a）前灯(左)　　　　　　　　（b）后灯(右)

图 6.7　深度学习智能车的 LED 连接电路

从图 6.7 中我们可以看到，F_LED_LAMP、B_LED_LAMP 的信号被连接到 LED 的阳极。因此，要实现闪烁这些 LED 灯，需要给信号(F_LED_LAMP，B_LED_LAMP)赋予 5V 的电压，即给 I/O 端口赋值 "1"，那么 LED 灯就会闪烁。

## 6.4.4　程序设计

为了打开 LED 灯，要给 LED 信号赋值 "1"，即要使 F_LED_LAMP(10)、B_LED_LAMP(9) 的 DIGITAL 引脚输出 "1"。为此，必须将 DIGITAL 引脚的 GPIO 方向设置为输出。要使 DIGITAL 引脚被设置为输出，我们就要使用 pinMode(pin, mode)函数，将该引脚的 mode 参数赋值为 "OUTPUT"。再者，通过 digitalWrite(pin,value)函数，赋值 value 参数为 "HIGH"。下面就开始编辑程序代码。

首先，将代码命名为 "LED.ino"：

```
#include "Arduino.h"
int Front_LED = 10;//定义引脚 10 为 Front_LED
int Back_LED = 9;//定义引脚 9 为 Back_LED
int LED_state = 0;//定义 LED 灯的状态指示标志
//I/O 端口初始化函数，初始化 I/O 端口为输出模式
void setup()
{
pinMode(Front_LED,OUTPUT); pinMode(Back_LED,OUTPUT);
```

```
        }
        //主循环（loop）函数，程序无限循环 void loop()
        {
        digitalWrite(Front_LED,LED_state);//如果 LED_state 为 1，Front_LED 灯
亮，否则灭
        if(LED_state)   //如果 LED_state 为 1，则将使 LED_state 置 0
        else
        LED_state = 1;//否则置 LED_state 为 1
        delay(100);//延时
        }
```

## 6.4.5 执行程序和查看结果

编译程序后，下载、更新程序到智能车 MCU 中，智能车前方的 LED 灯每 1s 执行一次 ON/OFF 操作，如图 6.8 所示，反复执行。

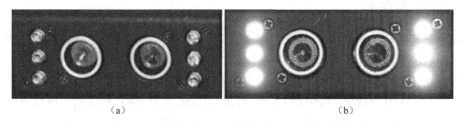

（a）                                （b）

图 6.8 前方的 LED 灯 OFF（左）/ON（右）

此时，我们的第一个设计就完成了，随后读者可以尝试让后方的 LED 灯实现闪烁。或者改变闪烁频率，不是每 1s，而是每 0.5s 或 2s 执行 LED 灯的闪烁操作。

# 6.5 智能车运动控制

## 6.5.1 智能车电机特征

直流电机（以下所述"电机"均指电动机）目前在许多场景中得到了广泛的应用，得益于它可精确地控制旋转速度或转矩。直流电机是通过两个磁场的相互作用而旋转的。定子通过永磁体或受激励电磁铁产生一个固定磁场，转子由一系列电磁体构成，当电流通过其中一个绕组时会产生一个磁场。对有刷直流电机而言，转子上的换向器和定子的电刷在电机旋转时为每个绕组供给电能。通电转子绕组与定子磁体有相反极性，因而相互吸引，使转子转动至与定子

磁场对准的位置。当转子到达对准位置时，电刷通过换向器为下一组绕阻供电，从而使转子维持旋转运动。

深度学习智能车要完成无人驾驶功能，底层的电机控制必须达到稳定，所以我们使用直流减速电机。从嵌入式硬件驱动模块输出的 PWM 控制信号通过直流减速电机驱动实现电机控制。设备两侧分别有两路电机，可同时进行控制。通过电机控制，达到控制深度学习智能车的前进、后退、左转、右转等动作。同时，两侧的两个电机是内置编码器的电机，通过编码器我们可以检测电机移动的方向，以及电机移动的距离，如图 6.9 所示为电机的控制流程图。

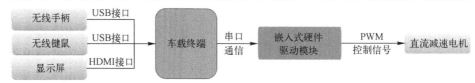

图 6.9　电机的控制流程图

## 6.5.2　电机工作方式

深度学习智能车的电路决定其同时操作小车左右的电机（一侧的电机同时运动或静止）。操纵左边和右边的电机，可以实现前进、后退、左旋转、右旋转，电机的操作与控制可以通过 PWM 控制方式来实现。深度学习智能车为控制直流减速电机，使用了电机驱动芯片 L293DD，如图 6.10 所示为 L293DD 的电机驱动块图。L293DD 利用确定电机方向的 2 个 Input 引脚（In1，In2）和控制电机旋转 On/Off 的使能引脚（En）驱动电机。通过给予 In1 和 In2 引脚 "10" 和 "01" 值，确定电机的正旋转或反旋转。通过使能引脚，传达 PWM 控制信号驱动电机，通过这样的电路实现，可以控制电机的速度。

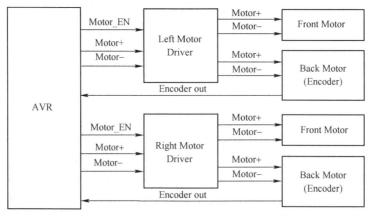

图 6.10　L293DD 的电机驱动块图

AVR 的 MCU 内出现的控制信号通过设备传给电机，因为深度学习智能车的左侧和右侧都有电机，其分别控制不同的车轮，所以可以利用其进行方向转换。还有，PWM 控制方式的信号给到 Motor_EN 信号，电机速度也可以得到控制。智能车后面连接的电机内置了编码器，可以探测电机的旋转方向、旋转速度和移动距离。

### 6.5.3　智能车电机控制

前面已经说过，深度学习智能车装置了 4 个电机，左侧和右侧的两个电机为一组，执行相同的运动状态。深度学习智能车上电机的布局及其部件如图 6.11 所示。

图 6.11　深度学习智能车上电机的布局及其部件

电机旋转如前面所介绍的，随着电机输入端口 In1、In2(A，B)值的不同而不同。A 为"0"值、B 为"1"值时，电机按顺时针方向旋转；A 为"1"值、B 为"0"值时，电机按逆时针方向旋转。另外，A 和 B 都为"1"值或都为"0"值时，电机是不会旋转的。

本书中定义的顺时针方向为正方向、逆时针方向为反方向，如图 6.12 所示。

图 6.12　深度学习智能车电机的旋转方向

## 6.5.4 智能车电机引脚连接配置

深度学习智能车配置了 4 个电机，后面两个电机有些特殊，搭载了编码器。如表 6.2 所示为深度学习智能车上 MOTOR 和 ENCODR 的引脚配置表。

表 6.2 深度学习智能车上 MOTOR 和 ENCODR 的引脚配置表

| 配置 | 名称 | 引脚/号码 |
| --- | --- | --- |
| MOTOR | L_MOTOR_A | PA0 / 22 |
| | L_MOTOR_B | PA1 / 23 |
| | R_MOTOR_A | PA2 / 24 |
| | R_MOTOR_B | PA3 / 25 |
| | L_EN | PC5 / 4 |
| | R_EN | PE3 / 5 |
| ENCODR | L_ENCOD_A | PE6 / |
| | L_ENCOD_B | PK5 / A13 |
| | R_ENCOD_A | PE7 / |
| | R_ENCOD_B | PK7 / A15 |

## 6.5.5 电机驱动电路

深度学习智能车的电机驱动电路如图 6.13 所示。

如图 6.13 所示，使用 L298P 芯片可控制左右两个电机。其中，L_MOTOR_A 和 L_MOTOR_B 是左侧电机方向，L_EN 决定左侧电机是否工作；R_MOTOR_A 和 R_MOTOR_B 是右侧电机方向，R_EN 决定右侧电机是否工作。根据这些信号，电机工作与否如表 6.3 所示。

将左右侧的使能（L_EN 和 R_EN）信号连接到 PWM PORT，可很方便地控制电机的速度。

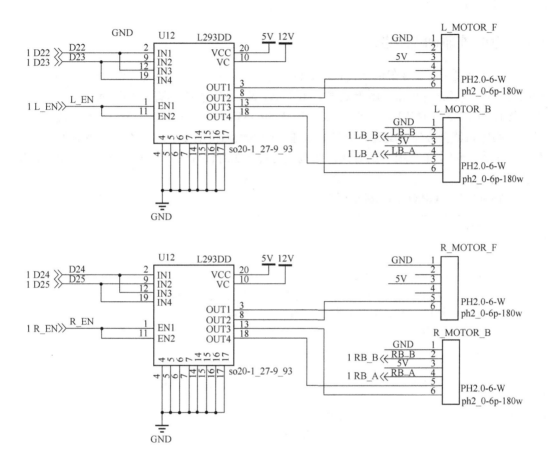

图 6.13　深度学习智能车的电机驱动电路

表 6.3　电机控制信号

| 控制信号 | | | 动作状态 | 备注 |
|---|---|---|---|---|
| L/R_MOTOR_A | L/R_MOTOR_B | L/R_EN | | |
| X | X | 0 | 停止 | X->0 或 1 |
| 0 | 0 | 1 | 停止 | |
| 0 | 1 | 1 | 正转 | |
| 1 | 0 | 1 | 反转 | |
| 1 | 1 | 1 | 停止 | |

### 6.5.6　智能车驱动程序设计

为了让深度学习智能车根据我们想要的方向旋转，需要 In1（A）、In2（B）端口上的信号控制旋转方向。为控制电机的旋转速度，需要 Enable 使能信号。深度学习智能车上的这些信号都被连接到 ATMega2560 芯片的 PA0～PA3 和 PB5～PB6 引脚上。若 Enable 使能信号为"1"，则电机就会被使能旋转。信号可以通过如下代码实现使用 PWM 控制来控制速度。如 A、B 在前面介绍的，"01"的时候，电机正旋转（顺时针方向），"10"的时候，电机反旋转（逆时针方向）。

代码命名为"GPIO_control.ino"：

```
#include "Arduino.h"
#define FORWARD  0x0A
#define BACKWARD  0x05
#define STOP  0x00
int Motor[6] = {22,23,24,25,4,5};//定义数组存储电机控制I/O端口
//I/O端口初始化函数，初始化电机控制I/O端口为输出模式
void setup()
{
  int z;
  for(z=0;z<6;z++)
  {
    pinMode(Motor[z],OUTPUT);
    digitalWrite(Motor[z],LOW);
  }
}
//主循环（loop）函数，程序无限循环
void loop()
{
  Motor_Control('L');       //左车轮
  Motor_mode(FORWARD);      //前进
  delay(2000);
  Motor_mode(STOP);         //停止
  delay(200);
  Motor_mode(BACKWARD);     //后退
  delay(2000);
  Motor_mode(STOP);         //停止
  delay(200);
```

```
  Motor_Control('R');        //右车轮
  Motor_mode(FORWARD);       //前进
  delay(2000);
  Motor_mode(STOP);          //停止
  delay(200);
  Motor_mode(BACKWARD);      //后退
  delay(2000);
  Motor_mode(STOP);          //停止
  delay(200);
   Motor_Control('A');       //左右车轮
  Motor_mode(FORWARD);       //前进
  delay(2000);
  Motor_mode(STOP);          //停止
  delay(200);
  Motor_mode(BACKWARD);      //后退
  delay(2000);
  Motor_mode(STOP);          //停止
  delay(200);

}
//电机模式选择
void Motor_mode(int da)
{
  int z;
  for(z=0;z<4;z++)
    digitalWrite(Motor[z],(da>>z) & 0x01);
}
//电机控制函数
void Motor_Control(char da)
{
  switch(da)
  {
    case 'L'://左车轮
      digitalWrite(Motor[4],HIGH);
      digitalWrite(Motor[5],LOW);
      break;
    case 'R'://右车轮
      digitalWrite(Motor[4],LOW);
      digitalWrite(Motor[5],HIGH);
```

```
        break;
    case 'A'://左右车轮
      digitalWrite(Motor[4],HIGH);
      digitalWrite(Motor[5],HIGH);
      break;
    default:
      digitalWrite(Motor[4],LOW);
      digitalWrite(Motor[5],LOW);
      break;
    }
  }
```

### 6.5.7　执行程序和查看结果

编译程序并进行更新、下载，操作如下所示：

左侧电机正转（2s）->停止（0.2s）->左侧电机反转（2s）->停止（0.2s）->左侧电机正转（2s）->停止（0.2s）->右侧电机反转（2s）->停止（0.2s）->······

按照上面顺序反复执行操作。

后续读者可以尝试改动代码，实现更多的控制形式。

## 6.6　智能车上位机与下位机通信

### 6.6.1　智能车下位机程序设计

上一节已经完成深度学习智能车电机的驱动功能，接下来完成深度学习智能车的正转、反转、停止等功能，如图 6.14 所示为下位机的控制。

图 6.14　下位机的控制

仅完成电机的控制功能是远远达不到深度学习智能车实时控制的需求的，我们需要在下位机中加入相应的接口用以连通上位机，以便实时接收上位机下发的数据，及时控制电机的状态，实现深度学习智能车的精准控制。如图 6.15 所示，深度学习智能车的车载终端到下位机的通信通过串口实现。

图 6.15 串口通信

此时我们需要重写下位机的控制逻辑，如下所示：

```cpp
#define FORWARD 0x09
#define BACKWARD 0x06
#define calc_PWM(_per)((unsigned int)(_per*2.55))
#define STOP 0x00
int Motor[6] = {22, 23, 24, 25, 4, 5};
void setup() {
  int z;
  for (z = 0; z < 6; z++)
  {
    pinMode(Motor[z], OUTPUT);
    digitalWrite(Motor[z], LOW);
  }
  Motor_Model(FORWARD);
  Serial.begin(38400);
  Serial2.begin(115200);
}
unsigned char recv[7] = {0};
unsigned char tmp_recv = 0;
unsigned char last_recv = 0;
int count = 0;
long int sp, angle;
char sned[10];
int no_data = 0;
void loop() {
  if (Serial.available() > 0)
  {
    //Serial2.write(Serial.read());
    tmp_recv = Serial.read();

    if ( tmp_recv == 0xAA)
    {
```

```
        memset(recv, 0, 7);
        count = 1;
        goto end;
    }

    if (count > 0)
    {
      recv[count++] = tmp_recv;
    }
    if (count == 6)
    {
      no_data = 1000;
      count = 0;
      sp = (unsigned int)recv[1] + (unsigned int)recv[2] * 255;
      angle = (unsigned int)recv[3] + (unsigned int)recv[4] * 255;

      if (sp > 1600)
      {
        sp = 1600;
      }
      if (sp < 1400)
      {
        sp = 1400;
      }
      angle = angle - 1500;
      sp = sp - 1500;
      if (sp == 1500)
      {
        speed(0, 0);
      }
      else
      {
        speed(sp - (angle) * 0.2, sp + (angle) * 0.2);
      }
    }
end:
    last_recv = tmp_recv;
  }
}
```

```
void speed(int L, int R)
{
 unsigned int OC_value = 0;
 if (L > 100)
 {
   L = 100;
 }
 else if (L < -100)
 {
   L = -100;
 }
 if (R > 100)
 {
   R = 100;
 }
 else if (R < -100)
 {
   R = -100;
 }
 if (L >= 0)
 {
   digitalWrite(Motor[0], HIGH);
   digitalWrite(Motor[1], LOW);
 }
 else
 {
   digitalWrite(Motor[0], LOW);
   digitalWrite(Motor[1], HIGH);
 }
 if (R >= 0)
 {
   digitalWrite(Motor[2], LOW);
   digitalWrite(Motor[3], HIGH);
 }
 else
 {
   digitalWrite(Motor[2], HIGH);
   digitalWrite(Motor[3], LOW);
 }
```

```
    L = abs(L);
    R = abs(R);
    analogWrite(Motor[4], calc_PWM(L));
    analogWrite(Motor[5], calc_PWM(R));
}


void Motor_Model(int da)
{
  int z;
  for (z = 0; z < 4; z++)
  {
    digitalWrite(Motor[z], (da >> z) & 0x01);
  }
}
```

此时，我们将代码 DeepCar.ino 烧写到我们的控制板上，这样就可以开始调试上位机了。

## 6.6.2　智能车上位机程序设计

下位机程序设计完成之后，需要通过串口实现与上位机的通信。我们首先创建一个 Python 文件，命名为"test.py"，在文件中的程序内容如下所示：

```
import sys, select, termios, tty
import os
import time
from ctypes import *
from sys import argv
path = os.path.split(os.path.realpath(__file__))[0]+"/.."
vels = 1545
angle = 1500
car = "/dev/ttyACM0"
if __name__ == "__main__":
  vel = int(vels)
  lib_path = path + "/lib" + "/libart_driver.so"
  so = cdll.LoadLibrary
  lib = so(lib_path)
  if (lib.art_racecar_init(38400, car.encode("utf-8")) < 0):
    raise
    pass
try:
```

```
    while 1:
      lib.send_cmd(vel, angle)
      print("angle: %d, throttle: %d" % (angle, vel))
      time.sleep(0.05)
    except:
      print('error')
    finally:
      lib.send_cmd(1500, 1500)
```

### 6.6.3 智能车串口通信调试

接好串口通信的接口后，就可以开始在车载终端中进行测试了。我们打开深度学习智能车终端，输入如下控制指令：

```
    python3 test.py
```

输出结果如图 6.16 所示。

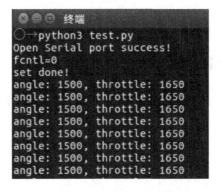

图 6.16 串口通信显示结果

本节利用串口通信，通过上位机发送指令，完成了深度学习智能车的手动控制。那么下面我们就要基于此部分结合深度学习实现深度学习智能车真正的智能控制（见下章内容）。

# 第 7 章

# 实战案例

## 7.1 基于 PaddlePaddle 深度学习框架的安装

在此章内容中，我们将基于深度学习智能车进行实战。首先进行深度学习环境的配置，需要我们熟练掌握利用 Anaconda 安装 CPU 版本和 GPU 版本的 PaddlePaddle，利用 Anaconda 创建虚拟环境等。在本节中，要求读者掌握如何利用 Anaconda 创建虚拟环境；如何激活 Anaconda 并进入虚拟环境；如何运用 pip 安装包分别实现 PaddlePaddle CPU 版本和 PaddlePaddle GPU 版本的安装。

Anaconda 支持图形界面操作和命令行操作，这里建议使用命令行操作，主要用于创建多个 Python 虚拟环境。安装 Anaconda 前，如果计算机已经安装了 Python 环境 A，那么安装 Anaconda 完后，计算机会有两个 Python 环境，一个是计算机先前安装的 Python 环境 A，第二个是 Anaconda 自带的 Python 环境（base,Python==3.8）。

此时需要确认的是，计算机显卡最高所能支持的 CUDA 版本。若支持的 CUDA 版本低，则不能安装高版本的 CUDA 工具包和加速计算库 cudnn；若支持的 CUDA 版本高，则能安装当前版本以下的所有版本的 CUDA 工具包和加速计算库 cudnn。

查看计算机 NVIDIA 显卡当前驱动程序所支持的 CUDA 版本，具体步骤如下：

在 Windows 桌面下单击鼠标右键，选中 NVIDIA 控制面板；打开控制面板，单击控制面板左下角的系统信息；单击"显示"右边的"组件"，此时则可看到 NVCUDA64.DLL 属性信息 CUDA 后面的"11.3.70"，其为 NVIDIA 显卡当前驱动程序所支持的 CUDA 最高版本。

PaddlePaddle 深度学习框架的环境安装步骤如下所示。

### 1. 安装 CPU 版本的 PaddlePaddle

（1）进入 Anaconda 命令行，创建一个名为"paddle"的 Python 虚拟环境：

```
conda create -n paddle python=3.7
```

（2）激活并进入虚拟环境：

```
conda activate paddle
```

（3）安装 CPU 版本的 PaddlePaddle：

```
python -m pip install paddlepaddle -i https://mirror.baidu.com/pypi/simple
```

### 2. 安装 GPU 版本的 PaddlePaddle（可选）

（1）确认计算机显卡最高所能支持的 CUDA 版本，如图 7.1～图 7.2 所示。

图 7.1　显卡设置

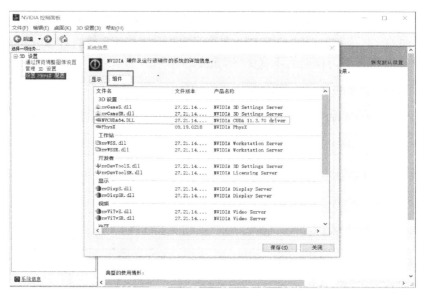

图 7.2 查看 CUDA 版本

（2）CUDA 工具包的版本需要与加速计算库 cudnn 的版本相对应，如 CUDA11.0 对应的 cudnn 版本不能低于 8.0。打开 https://developer.nvidia.com/rdp/cudnn-archive 就可以查询 cudnn 和哪个 CUDA 版本匹配，如图 7.3 所示。

图 7.3 CUDA 对应的 cudnn 版本

（3）进入 Anaconda 命令行，创建一个名为"paddle_gpu"的 Python 虚拟环境，并激活它：

```
conda create -n paddle_gpu python=3.7
conda activate paddle_gpu
```

（4）安装 CUDA 工具包和加速计算库 cudnn：

```
conda install cudatoolkit=10.1
conda install cudnn=7.6.5
```

（5）安装 paddle_gpu 库：

```
python -m pip install paddle-gpu==2.0.2.post100 -f
```

（6）验证 paddle_gpu 库是否安装成功：

```
conda activate paddle_gpu
python
import paddle
print(paddle.__version__)
print(paddle.fluid.install_check.run_check())
exit()
```

## 7.2　车道线识别数据处理与模型构建

本节将主要介绍深度学习智能车巡线部分的内容，涉及数据预处理、划分数据集，CNN 模型框架，以及构建模型的方法。本节内容较多，要求读者熟悉图像的 HSV（Hue Saturation Value）色彩通道；能够通过掩膜对图像进行批量处理，将整个数据集划分为训练集和验证集并以 txt 形式保存，以便以后使用；熟悉卷积层、池化层、全连接层和随机失活等概念，最后利用 paddle.fluid 构建 CNN 模型等内容。

HSV 是根据颜色的直观特性由史密斯（Smith）在 1978 年创建的一种颜色空间，也称六角锥体模型（Hexcone Model），这个模型中颜色的参数分别是色调（H）、饱和度（S）、明度（V）。

因为一般采集到的图像冗余信息较多，我们做车道线识别，最重要的关键点是车道，所以提取图像的车道部分即可，实现方法是：构建一个掩膜，设置图像的色彩空间区域为 [26,43,46] 到 [34,255,255]，因为车道线为黄色或白色，所以图像的车道部分图像的高亮区间。

加载图片和标签值，标签值存放在 data.npy 里，可以通过 numpy.load()来提取。循环遍历图像的序号，通过是否可以被 10 整除作为条件，将数据集分成 2 份，如果可以被 10 整除，则添加到 test_list 列表中，否则添加到 train_list 列表中。

CNN 主要由 3 部分构成：卷积层、池化层和全连接层。其中，卷积层负责提取图像中的局部特征；池化层用来大幅降低参数量级（降维）；全连接层类似人工神经网络部分，输出想要的结果。神经元失活（Dropout）指在模型的所有神经元中以一定概率使某些神经元"死亡"，减少参数量，防止模型过拟合。

数据处理及构建模型的具体步骤如下所示。

（1）导入相关的库：

```
import os,re
import numpy as np
import cv2 as cv
from sys import argv
import getopt
```

（2）设定读取源图片文件夹的名称文件夹和完成处理后输出到目标文件夹的名称：

```
img_path = "img"
save_path = "hsv_img"
```

（3）设置 HSV 色彩空间的最低和最高阈值：

```
lower_hsv = np.array([26, 43, 46])
upper_hsv = np.array([34, 255, 255])
```

（4）遍历图像，设置掩膜，对图像进行处理：

```
for img in img_name:
  print(img)
  image = os.path.join(img_path, img)
  src = cv.imread(image)
  hsv = cv.cvtColor(src, cv.COLOR_BGR2HSV)
  mask0 = cv.inRange(hsv, lowerb=lower_hsv, upperb=upper_hsv)
  mask = mask0
  ind = int(re.findall('.+(?=.jpg)', img)[0])
```

```
new_name = str(ind) + '.jpg'
cv.imwrite(os.path.join(save_path, new_name), mask)
```

（5）导入相关库：

```
import json
import os
import numpy as np
from sys import argv
import getopt
```

（6）设置输入的文件夹和保存的文件夹：

```
test_list = "test.list"
train_list = "train.list"
data_name = "data.npy"
img_name = "hsv_img"
```

（7）根据传入的参数（路径）创建文件夹，如果不存在，则创建同名文件夹：

```
def mkdir(path):
  folder = os.path.exists(path)
  if not folder:
    os.makedirs(path)
    print("----- new folder -----")
  else:
    print('----- there is this folder -----')
```

（8）通过写入模式 w 打开 train_list 和 test_list：

```
def create_data_list(data_name, img_name):
  with open(test_list, 'w') as f:
    pass
  with open(train_list, 'w') as f:
    pass
```

（9）循环访问图像路径，将其分别添加到训练集和测试集中：

```
for img_path in img_paths:
  name_path = img_name + '/' + img_path
```

```
        index = int(img_path.split('.')[0])
        if not os.path.exists(data_root_path):
          os.makedirs(data_root_path)
        if class_sum % 10 == 0:
          with open(test_list, 'a') as f:
            f.write(name_path + "\t%d" % data[index] + "\n")
        else:
          with open(train_list, 'a') as f:
            f.write(name_path + "\t%d" % data[index] + "\n")
        class_sum += 1
    print('图像列表已生成')
```

（10）调用函数，划分数据集：

```
    create_data_list(data_name, img_name)
```

（11）导入 paddle.fluid 库：

```
    import paddle.fluid as fluid
```

（12）构建模型：

```
    def cnn_model(image):
        conv1 = fluid.layers.conv2d(input=image, num_filters=24,filter_size=
(5, 5), stride=(2, 2), act='relu')
        pool0 = fluid.layers.pool2d(input=conv1, pool_size=(2, 2))
        conv2 = fluid.layers.conv2d(input=pool0, num_filters=36, filter_size=
(5, 5), stride=(2, 2), act='relu')
        pool1 = fluid.layers.pool2d(input=conv2, pool_size=(2, 2))
        conv3 = fluid.layers.conv2d(input=pool1, num_filters=48, filter_size=
(5, 5), stride=(2, 2), act='relu')
        pool2 = fluid.layers.pool2d(input=conv3, pool_size=(2, 2))
        conv4 = fluid.layers.conv2d(input=pool2, num_filters=64, filter_size=
(3, 3), act='relu')
        pool3 = fluid.layers.pool2d(input=conv4, pool_size=(2, 2))
        drop1 = fluid.layers.dropout(pool3, dropout_prob=0.2)
        conv5 = fluid.layers.conv2d(input=drop1, num_filters=64, filter_size=
(3, 3), act='relu')
```

```
fla = fluid.layers.flatten(conv5)
drop2 = fluid.layers.dropout(fla, dropout_prob=0.2)
fc1 = fluid.layers.fc(input=drop2, size=100, act='relu')
fc2 = fluid.layers.fc(input=fc1, size=50, act='relu')
fc3 = fluid.layers.fc(input=fc2, size=10, act='relu')
predict = fluid.layers.fc(input=fc3, size=1)
return predict
```

其中，num_filters 为卷积核数量，filter_size 为卷积核大小，stride 为步长，act 为激活函数，dropout(0.2)为以 0.2 的概率失活，最后返回最后一层结果。

## 7.3　车道线识别训练模型

本节将介绍 PaddlePaddle 框架训练模型的步骤。要求读者能够加载图片和标签值，加载之前构建好的模型；定义执行器，将图片和标签值送入执行器训练。

构建好模型后，通过计算模型的损失函数，定义优化器后，采用梯度下降的方法来优化模型，使模型的损失函数逐渐减小，这样模型的预测值就会逐渐接近真实值。模型训练好后可以通过 matplotlib 库绘制出训练轮次和损失的变化图。

车道线模型的训练步骤如下所示。

（1）导入库：

```
import os
import cnn_model
import paddle
paddle.enable_static()
import reader as reader
import paddle.fluid as fluid
from sys import argv
import getopt
```

注意：reader 为同级目录下的 py 文件，其为训练集、测试集读取器。

（2）输入输出文件夹，model_infer 里为各个层的训练输出结果（见图 7.4）：

```
test_list = "test.list"
train_list = "train.list"
save_path = "model_infer"
```

| | | | |
|---|---|---|---|
| __model__ | 2021/9/13 7:54 | 文件 | 54 KB |
| conv2d_0.b_0 | 2021/9/13 7:54 | B_0 文件 | 1 KB |
| conv2d_0.w_0 | 2021/9/13 7:54 | W_0 文件 | 8 KB |
| conv2d_1.b_0 | 2021/9/13 7:54 | B_0 文件 | 1 KB |
| conv2d_1.w_0 | 2021/9/13 7:54 | W_0 文件 | 85 KB |
| conv2d_2.b_0 | 2021/9/13 7:54 | B_0 文件 | 1 KB |
| conv2d_2.w_0 | 2021/9/13 7:54 | W_0 文件 | 169 KB |
| conv2d_3.b_0 | 2021/9/13 7:54 | B_0 文件 | 1 KB |
| conv2d_3.w_0 | 2021/9/13 7:54 | W_0 文件 | 109 KB |
| conv2d_4.b_0 | 2021/9/13 7:54 | B_0 文件 | 1 KB |
| conv2d_4.w_0 | 2021/9/13 7:54 | W_0 文件 | 145 KB |
| fc_0.b_0 | 2021/9/13 7:54 | B_0 文件 | 1 KB |
| fc_0.w_0 | 2021/9/13 7:54 | W_0 文件 | 626 KB |
| fc_1.b_0 | 2021/9/13 7:54 | B_0 文件 | 1 KB |
| fc_1.w_0 | 2021/9/13 7:54 | W_0 文件 | 20 KB |
| fc_2.b_0 | 2021/9/13 7:54 | B_0 文件 | 1 KB |

图 7.4　车道线模型训练输出结果

（3）加载图片和标签值，将图片剪切为(120,120)大小的，加载模型：

```
crop_size = 120
resize_size = 120
image = fluid.layers.data(name='image', shape=[3, crop_size, crop_siz
e], dtype='float32')
label = fluid.layers.data(name='label', shape=[1], dtype='float32')
model = cnn_model.cnn_model(image)
```

（4）定义损失（cost），采用 MSE 损失，即 fluid.layers.square_error_cost：

```
cost = fluid.layers.square_error_cost(input=model, label=label)
avg_cost = fluid.layers.mean(cost)
```

（5）获取训练和测试程序（for_test=True 用于克隆主程序进行测试集测试）：

```
test_program = fluid.default_main_program().clone(for_test=True)
```

（6）定义优化方法，获取自定义数据（batch_size：每次送入网络的图片数）：

```
optimizer = fluid.optimizer.AdamOptimizer(learning_rate=1e-3)
opts = optimizer.minimize(avg_cost)
train_reader = paddle.batch(reader=reader.train_reader(train_list, cr
op_size, resize_size), batch_size=32)
test_reader = paddle.batch(reader=reader.test_reader(test_list, crop_
size), batch_size=32)
```

（7）定义执行器，初始化参数，定义输入数据的维度：

```
#CPU
place = fluid.CPUPlace()
#GPU
#place = fluid.CUDAPlace(0)
exe = fluid.Executor(place)
exe.run(fluid.default_startup_program())
```

（8）进行训练：

```
for batch_id, data in enumerate(train_reader()):
  train_cost = exe.run(program=fluid.default_main_program(),
          feed=feeder.feed(data),
          fetch_list=[avg_cost])

  # 每100个batch打印一次信息
  if batch_id % 100 == 0:
    print('Pass:%d, Batch:%d, Cost:%0.5f' %
        (pass_id, batch_id, train_cost[0]))
  train_loss.append(train_cost[0])
```

（9）进行测试：

```
for batch_id, data in enumerate(test_reader()):
  test_cost = exe.run(program=test_program,
          feed=feeder.feed(data),
          fetch_list=[avg_cost])
  test_costs.append(test_cost[0])
  test_loss.append(test_cost[0])
# 求测试结果的平均值
test_cost = (sum(test_costs) / len(test_costs))
all_test_cost.append(test_cost[0])
```

（10）保存模型：

```
if min(all_test_cost) >= test_cost:
    fluid.io.save_inference_model(save_path, feeded_var_names=[image.name], main_program=test_program,
                target_vars=[model], executor=exe)
    print('finally test_cost: {}'.format(test_cost))
```

（11）车道线模型训练过程中损失函数的变化如图 7.5 所示，损失函数和正确率对于训练轮次的变化图如图 7.6 所示。

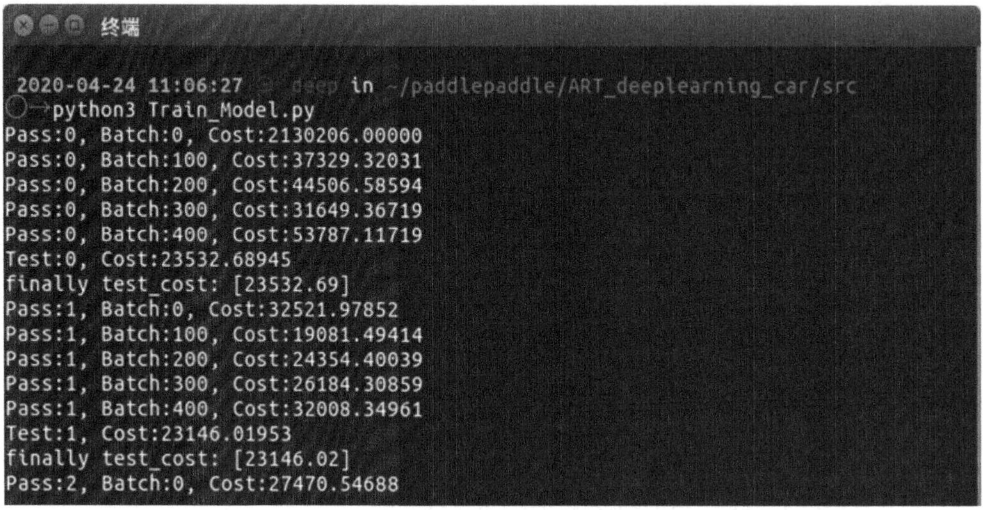

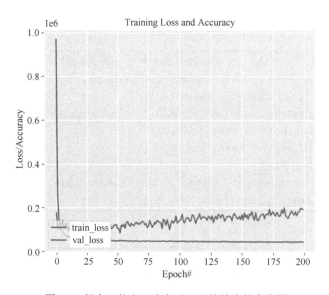

终端
2020-04-24 11:06:27 deep in ~/paddlepaddle/ART_deeplearning_car/src
→python3 Train_Model.py
Pass:0, Batch:0, Cost:2130206.00000
Pass:0, Batch:100, Cost:37329.32031
Pass:0, Batch:200, Cost:44506.58594
Pass:0, Batch:300, Cost:31649.36719
Pass:0, Batch:400, Cost:53787.11719
Test:0, Cost:23532.68945
finally test_cost: [23532.69]
Pass:1, Batch:0, Cost:32521.97852
Pass:1, Batch:100, Cost:19081.49414
Pass:1, Batch:200, Cost:24354.40039
Pass:1, Batch:300, Cost:26184.30859
Pass:1, Batch:400, Cost:32008.34961
Test:1, Cost:23146.01953
finally test_cost: [23146.02]
Pass:2, Batch:0, Cost:27470.54688

图 7.5　车道线模型训练过程中损失函数的变化

Training Loss and Accuracy
1e6
1.0
0.8
0.6
0.4
0.2
0.0
Loss/Accuracy
train_loss
val_loss
0
25
50
75
100
125
150
175
200
Epoch#

图 7.6　损失函数和正确率对于训练轮次的变化图

## 7.4　标志物检测的数据采集与处理

本节将介绍深度学习智能车标志物检测的数据采集及处理，涉及数据的采集、利用 labelImg 对标签值进行标注等。要求读者利用手柄控制小车在车道上采集各类标志物；利用 labelImg 对采集到的图像进行标注；将标注好的.xml 文件转换成.txt 格式的文件，方便以后训练模型。

数据采集及标注的步骤如下所示。

（1）在 yolov5 文件夹中，运行 get_images.py 文件，将采集到的图像放在 yolov5/data/images 下，如图 7.7 所示。

图 7.7　目标检测的数据集

（2）在 labelImg 文件夹中，运行 labelImg.py 文件，对图像进行标注，将.xml 文件放到 yolo/data/Annotations 下。

如图 7.8 所示为 labelImg 操作界面。

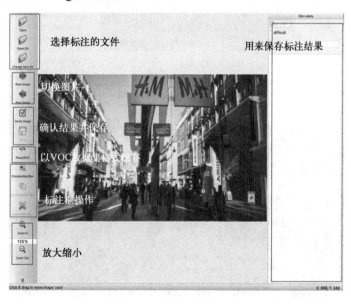

图 7.8　labelImg 操作界面

　　使用"Ctrl+U"快捷键加载图片后，使用"Ctrl+R"快捷键指定生成的.xml 文件的保存位置，然后开始按照类别对图片中的目标进行矩形框标注，每标注一个目标，软件会自动弹出类别信息以供选择，在弹出的类别信息中选择对应的类别名称双击即可。当一张图片中各类别所需要标注的目标全部标注后，单击保存按键或者使用"Ctrl+S"快捷键保存，生成相对应的.xml 格式的位置信息文件，此时可以开始下一张图片的标注。

　　如图 7.9 所示，一般操作的顺序为"Open File"→"Create Rectbox"→"输入类别名称"→"Change Save Dir"→"Save"，最后在保存文件的路径下生成.xml 格式的文件（见图 7.10），.xml 格式的文件的名字和标注照片的名字一样，如果要修改已经标注过的图像，.xml 格式的文件中的信息也会随之改变。得到的.xml 格式的文件和 VOC 所用的格式一样。

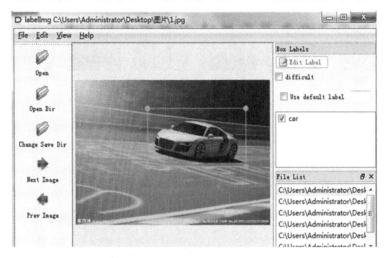

图 7.9　labelImg 的标注过程

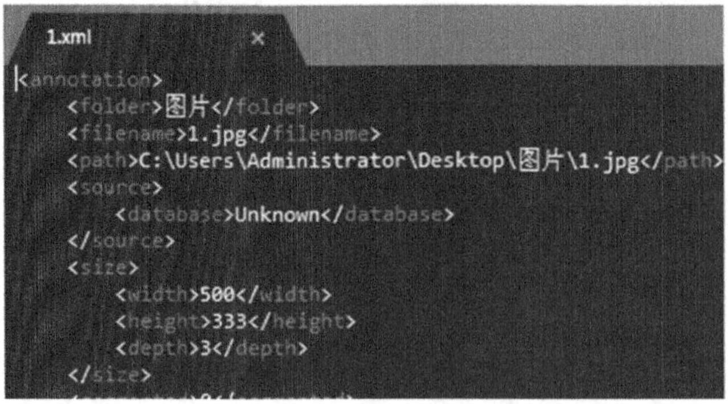

图 7.10　labelImg 标注保存结果

（3）运行 voc_labels.py，将.xml 格式的文件转换为.txt 格式的文件，并存放到 yolo/data/labels 下，如图 7.11 所示。

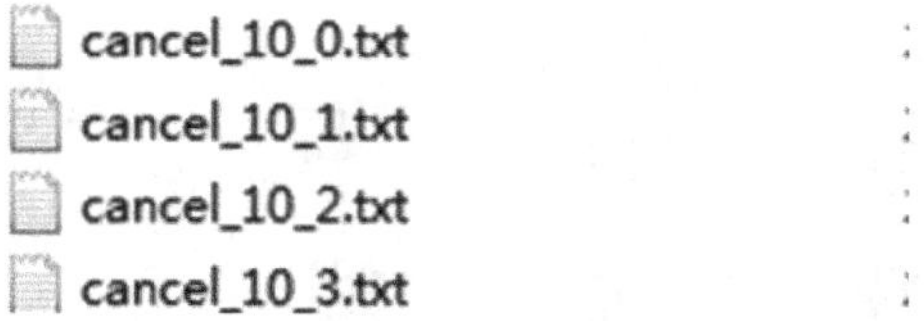

cancel_10_0.txt

cancel_10_1.txt

cancel_10_2.txt

cancel_10_3.txt

图 7.11　labelImg 标注保存文件

# 7.5　Yolov5 网络模型介绍

本节将介绍典型的目标检测网络 Yolov5 的模型框架，需要读者熟练掌握 Yolov5s 的网络结构，并且了解其他 3 种网络模型的特点。

和原本 Yolov3、Yolov4 中的 cfg 配置文件不同，Yolov5 中给出的网络文件是 yaml 格式的，在 Yolov5 官方代码中，给出的目标检测网络中一共有 4 个版本，分别是 Yolov5s、Yolov5m、Yolov5l、Yolov5x。Yolov5s 网络是 Yolov5 系列中深度最小、特征图宽度最小的网络，后面的 3 种都是在此基础上不断加深、不断加宽的。

## 7.5.1　Yolov5 网络结构

（1）下载 Yolov5 的 4 个 pt 格式的权重模型，如图 7.12 所示。

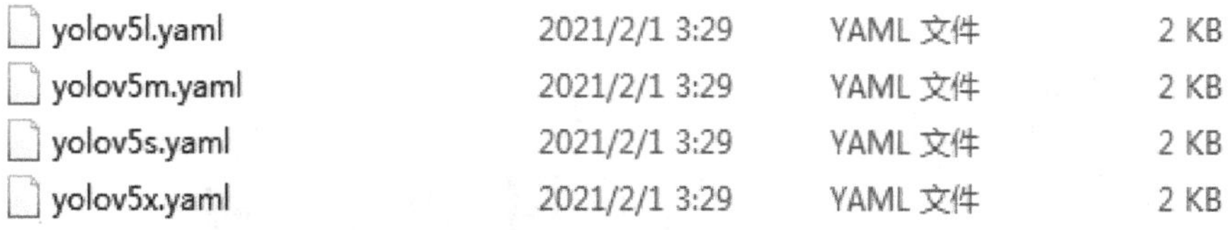

| yolov5l.yaml | 2021/2/1 3:29 | YAML 文件 | 2 KB |
| yolov5m.yaml | 2021/2/1 3:29 | YAML 文件 | 2 KB |
| yolov5s.yaml | 2021/2/1 3:29 | YAML 文件 | 2 KB |
| yolov5x.yaml | 2021/2/1 3:29 | YAML 文件 | 2 KB |

图 7.12　Yolov5 的权重模型

（2）Yolov5s 的网络结构如图 7.13 所示。

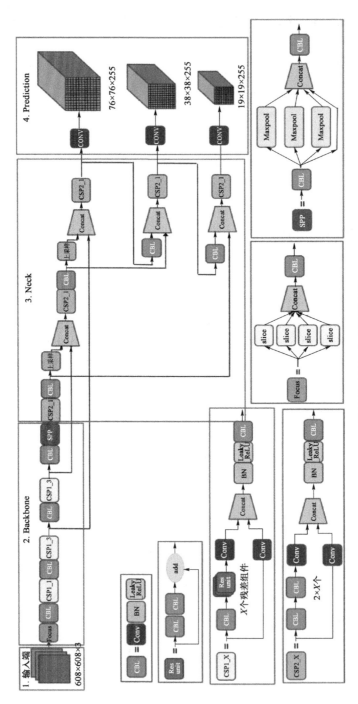

图 7.13　Yolov5s 的网络结构

### 7.5.2  Yolov5 相对于 Yolov4 和 Yolov3 的改进

（1）输入端 Mosaic 数据增强。Yolov5 的输入端采用了和 Yolov4 一样的 Mosaic 数据增强的方式，采用随机缩放、随机裁剪、随机排布的方式进行拼接，对于小目标的检测效果还是很不错的，如图 7.14 所示。

| (a1) Red fox | (a2) Cutout | (a3) RandAugment | (b1) Dog | (b2) Cutout | (b3) RandAugment |
| (a4) Saliency map | (a5) Keep+Cutout | (a6) Keep+RandAugment | (b4) Saliency map | (b5) Keep+Cutout | (b6) Keep+RandAugment |

图 7.14  Mosaic 数据增强方式

（2）计算自适应锚框。在 Yolo 算法中，针对不同的数据集，都会有初始设定长度和宽度的锚框，在网络训练中，网络在初始锚框的基础上输出预测框，进而和真实框进行比对，计算两者差距，再反向更新，迭代网络参数。

因此，初始锚框也是比较重要的一部分，如 Yolov5 初始设定的锚框如图 7.15 所示。

```
anchors:
  - [10, 13,  16, 30,  33, 23]   # P3/8
  - [30, 61,  62, 45,  59, 119]  # P4/16
  - [116, 90,  156, 198,  373, 326]  # P5/32
```

图 7.15  Yolov5 初始设定的锚框

（3）自适应图片缩放（见图 7.16）。在常用的目标检测算法中，不同的图片，其长度和宽度都不相同，因此常用的方式是将原始图片统一缩放到一个标准尺寸，再送入检测网络中。

图 7.16　自适应图片缩放

图像高度上两端的黑边变少了，在推理时，计算量也会减少，即目标检测速度会得到提升。

（4）主干网络（Backbone）为 Focus 结构（见图 7.17）。在 Yolov3 和 Yolov4 中并没有这个结构。

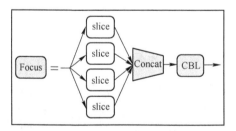

图 7.17　Focus 结构

（5）输出端也做了改进，Yolov5 中采用其中的 GIOU_Loss 作为 Boundingbox 的损失函数，Yolov4 在 DIOU_Loss 的基础上采用 DIOU_nms 的方式，而 Yolov5 中采用加权 nms 的方式。

（6）Yolov5 四种网络的结构特点如图 7.18 所示，4 种结构都是通过 depth_multiple 和 width_multiple 两个参数来控制网络的深度和宽度的。其中，depth_multiple 控制网络的深度；width_multiple 控制网络的宽度。

（1）yolov5s.yaml

```
depth_multiple: 0.33  # model depth multiple
width_multiple: 0.50  # layer channel multiple
```

（2）yolov5m.yaml

```
depth_multiple: 0.67  # model depth multiple
width_multiple: 0.75  # layer channel multiple
```

（3）yolov5l.yaml

```
depth_multiple: 1.0  # model depth multiple
width_multiple: 1.0  # layer channel multiple
```

（4）yolov5x.yaml

```
depth_multiple: 1.33  # model depth multiple
width_multiple: 1.25  # layer channel multiple
```

|  | Yolov5s | Yolov5m | Yolov5l | Yolov5x |
|---|---|---|---|---|
| 第一个CSP1 | CSP1_1 | CSP1_2 | CSP1_3 | CSP1_4 |
| 第二个CSP1 | CSP1_3 | CSP1_6 | CSP1_9 | CSP1_12 |
| 第三个CSP1 | CSP1_3 | CSP1_6 | CSP1_9 | CSP1_12 |
| 第一个CSP2 | CSP2_1 | CSP2_2 | CSP2_3 | CSP2_4 |
| 第二个CSP2 | CSP2_1 | CSP2_2 | CSP2_3 | CSP2_4 |
| 第三个CSP2 | CSP2_1 | CSP2_2 | CSP2_3 | CSP2_4 |
| 第四个CSP2 | CSP2_1 | CSP2_2 | CSP2_3 | CSP2_4 |
| 第五个CSP2 | CSP2_1 | CSP2_2 | CSP2_3 | CSP2_4 |

图 7.18　Yolov5 四种网络的结构特点

Yolov5 中设计了两种 CSP 结构。以 Yolov5s 网络为例，CSP1_X 结构应用于主干网络，另一种 CSP2_X 结构应用于 Neck 中，如图 7.19 所示。

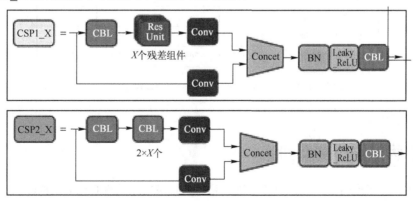

图 7.19　CSP1_X 结构和 CSP2_X 结构

Yolov5 中现在的 Neck 结构和 Yolov4 中的一样，都采用 FPN+PAN 的结构，但在 Yolov5 刚出来时，只使用了 FPN 结构，后面才增加了 PAN 结构，此外网络中其他部分也进行了调整，如图 7.20 所示。

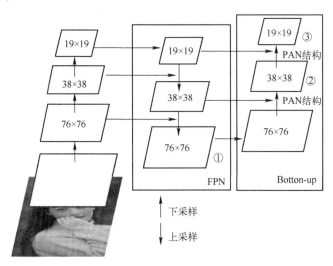

图 7.20　Neck 结构

如图 7.21 所示，4 种 Yolov5 结构在不同阶段的卷积核的数量都是不一样的，因此也直接影响卷积后特征图的第三维度。

|  | Yolov5s | Yolov5m | Yolov5l | Yolov5x |
|---|---|---|---|---|
| (1) 卷积核数量 | 32个 | 48个 | 64个 | 80个 |
| (2) 卷积核数量 | 64个 | 96个 | 128个 | 160个 |
| (3) 卷积核数量 | 128个 | 192个 | 256个 | 320个 |
| (4) 卷积核数量 | 256个 | 384个 | 512个 | 640个 |
| (5) 卷积核数量 | 512个 | 768个 | 1024个 | 1280个 |

图 7.21　Yolov5 四种网络结构的卷积核数量

## 7.6　标志物识别的模型训练

之前我们已经介绍了 Yolov5 模型的网络框架，接下来本节将介绍如何构建 Yolov5 模型。

需要我们熟练掌握标志物识别模型的训练步骤，主要包括构建 Yolov5 模型、配置优化器、参数和设置命令行，实现手动输入模型参数。

根据官网下载的 yaml 文件，首先加载该文件，实现 Yolov5 模型的功能，再将数据集划分成训练集和验证集送入网络进行训练。

Yolov5 模型训练的步骤如下所示。

（1）导入相关的库。

```
import test  # import test.py to get mAP after each epoch
from models.yolo import Model
```

（2）项目的克隆。将我们下载好的 Yolov5 的代码解压，用一款 IDE 打开（本书用的是pycharm），打开之后整个代码目录如图 7.22 所示。

图 7.22　Yolov5 代码目录

现在来对代码的整体目录做一个介绍。

① data：主要存放一些超参数的配置文件（用来配置训练集、测试集和验证集的路径，其中还包括目标检测的种类数和种类的名称），还有一些官方提供测试的图片。如果是训练自己的数据集，那么需要修改其中的 yaml 文件。但是自己的数据集不建议放在这个路径下面，而是建议将数据集放到 yolov5 项目的同级目录下面。

② models：主要是一些网络构建的配置文件和函数，其中包含了该项目 4 个不同的版本，分别为是 s、m、l、x，从名字就可以看出这几个版本的大小。它们的检测速度是从快到慢，但是精确度是从低到高。如果训练自己的数据集，就需要修改这里面相对应的 yaml 文件来训练自己的模型。

③ utils：存放的是工具类的函数，里面有 loss 函数、metrics 函数、plots 函数等。

④ weights：放置训练好的权重参数。

⑤ detect.py：利用训练好的权重参数进行目标检测，可以进行图像、视频和摄像头的检测。

⑥ train.py：训练自己数据集的函数。

⑦ test.py：测试训练的结果的函数。

⑧ requirements.txt：这是一个文本文件，里面写着使用 yolov5 项目的环境依赖包的一些版本，可以利用该文本导入相应版本的包。

（3）获得预训练权重。为了缩短网络的训练时间，并达到更高的精度，我们一般加载预训练权重进行网络的训练。而 Yolov5 的 5.0 版本给我们提供了几个预训练权重，我们可以对应不同的需求选择不同版本的预训练权重。通过图 7.23 可以获得权重的名字和大小信息，预训练权重越大，训练出来的精度就会相对来说越高，但是其检测的速度就会越慢。本次训练自己数据集用的预训练权重为 yolov5s.pt。

| yolov5l.pt | 90.2 MB |
| yolov5l6.pt | 148 MB |
| yolov5m.pt | 41.1 MB |
| YOLOv5m6-Argoverse.pt | 68.3 MB |
| yolov5m6.pt | 69 MB |
| yolov5s-VOC.pt | 13.8 MB |

图 7.23　Yolov5 预训练权重

（4）修改数据配置文件。预训练模型和数据集都准备好了，就可以开始训练自己的 Yolov5 目标检测模型了。训练目标检测模型需要修改两个 yml 文件中的参数。一个是 data 目录下相应的 yaml 文件，一个是 models 目录下相应的 yam 文件，如图 7.24～图 7.26 所示。

```
▼ 📂 data
   ▶ 📂 Annotations
   ▶ 📂 images
   ▶ 📂 ImageSets
   ▶ 📂 labels
   ▶ 📂 yoloimage
      📄 divide.py
      📄 hyp.finetune.yaml
      📄 hyp.scratch.yaml
      📄 labels.cache
      📄 my.yaml
      📄 sign.zip
      📄 test.txt
      📄 train.txt
      📄 voc_labels.py
```

图 7.24　Yolov5s 超参数配置文件

```
▼ 📂 models
   ▶ 📂 hub
      📄 _init_.py
      📄 common.py
      📄 experimental.py
      📄 export.py
      📄 yolo.py
      📄 yolov5l.yaml
      📄 yolov5m.yaml
      📄 yolov5s.yaml
      📄 yolov5x.yaml
```

图 7.25　Yolov5s 模型配置文件

```
train.py    my.yaml    yolo.py

train: data/train.txt
val: data/test.txt

nc: 8    #训练的类别

names: ['cancel_10','crossing','limit_10','straight','turn_left','turn_right','paper_red','paper_green']
```

图 7.26　Yolov5s 数据集位置及类别和类别名

这里可以修改训练集和验证集的路径，以及训练的类别数（见图 7.27）。

```
# parameters
nc: 8  # number of classes
depth_multiple: 0.33  # model depth multiple
width_multiple: 0.50  # layer channel multiple
```

图 7.27　Yolov5s 类别数的修改

（5）启用 tensorboard 查看参数。找到 train.py 文件，然后找到主函数的入口，这里面有模型的主要参数。模型的主要参数解析如图 7.28 所示。

```
"""
    opt模型主要参数解析：
    --weights：初始化的权重文件的路径地址
    --cfg：模型yaml文件的路径地址
    --data：数据yaml文件的路径地址
    --hyp：超参数文件的路径地址
    --epochs：训练轮次
    --batch-size：喂入批次文件的多少
    --img-size：输入图片的尺寸
    --rect:是否采用矩形训练，默认为False
    --resume:接着打断训练上次的结果训练
    --nosave:不保存模型，默认为False
    --notest:不进行测试，默认为False
    --noautoanchor:不自动调整anchor，默认为False
    --evolve:是否进行超参数进化，默认为False
    --bucket:谷歌云盘bucket，一般不会用到
    --cache-images:是否提前缓存图片到内存以加快训练速度，默认为False
    --image-weights：使用加权图像选择进行训练
    --device:训练的设备，cpu；0(表示一个GPU设备cuda:0)；0,1,2,3(多个GPU设备)
    --multi-scale:是否进行多尺度训练，默认为False
    --single-cls:数据集是否只有一个类别，默认为False
    --adam:是否使用Adam优化器
    --sync-bn:是否使用跨卡同步BN,在DDP模式下使用
    --local_rank：DDP参数，请勿修改
    --workers：最大工作核心数
    --project:训练模型的保存位置
    --name：模型保存的目录名称
    --exist-ok：模型目录是否存在，不存在就创建
"""
```

图 7.28　模型的主要参数解析

如图 7.29 所示，训练自己的模型需要修改如下几个参数：将 weights 权重的路径填写到对应的参数里面，然后将修改好的 models 模型的 yolov5s.yaml 文件路径填写到相应的参数里

面，最后将 data 数据的 my.yaml 文件路径填写到相应的参数里面。

```
parser.add_argument('--weights', type=str, default='weights/yolov5s.pt', help='initial weights path')
parser.add_argument('--cfg', type=str, default='yolov5s.yaml', help='model.yaml path')
parser.add_argument('--data', type=str, default='data/my.yaml', help='data.yaml path')
```

图 7.29　权重和数据集的配置参数

Yolov5 里面有写好的 tensorboard 函数，运行命令就可以调用 tensorboard 函数了。如图 7.30 所示，首先打开 pycharm 的命令控制终端，输入如下命令，就会出现一个网址，将那行网址复制下来，在浏览器中打开就可以看到训练的过程了：

```
tensorboard --logdir=runs/train
```

```
PS D:\PycharmProjects\yolov5.5_example\yolov5-hat> tensorboard --logdir=runs/train
TensorFlow installation not found - running with reduced feature set.
Serving TensorBoard on localhost; to expose to the network, use a proxy or pass --bind_all
TensorBoard 2.6.0 at http://localhost:6006/ (Press CTRL+C to quit)
```

图 7.30　使用 tensorboard 函数查看训练过程

tensorboard 查看各个参数的变化率如图 7.31 所示。

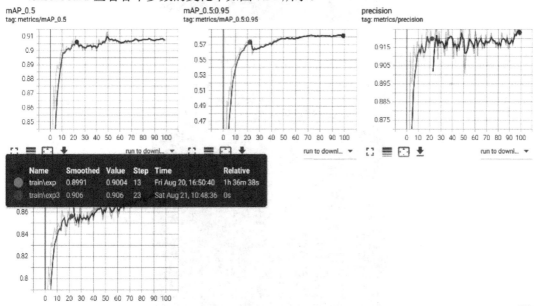

图 7.31　使用 tensorboard 函数查看各个参数的变化率

（6）推理测试。如图 7.32 所示，数据训练好了以后就会在主目录下产生一个 runs 文件夹，在 runs/train/exp11/weights 目录下会产生两个权重文件，一个是最后一轮的权重文件，一个是最好的权重文件，一会我们就要利用这个最好的权重文件来做推理测试。

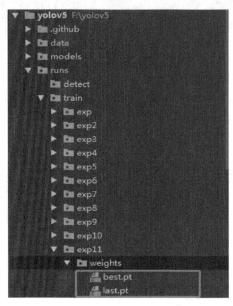

图 7.32　Yolov5s 训练后输出的模型

如图 7.33 所示，找到主目录下的 detect.py 文件，打开该文件。

图 7.33　找到主目录下的 detect.py 文件

然后找到主函数的入口，这里面有模型的主要参数。模型的主要参数解析如图 7.34 所示。

```
1  f __name__ == '__main__':
2  """
3  --weights:权重的路径地址
4  --source:测试数据,可以是图片/视频路径,也可以是'0'(计算机自带摄像头),也可以是rtsp等视频流
5  --output:网络预测之后的图片/视频的保存路径
6  --img-size:网络输入图片的大小
7  --conf-thres:置信度阈值
8  --iou-thres:做NMS的IoU阈值
9  --device:用GPU还是用CPU做推理
10 --view-img:是否展示预测之后的图片/视频,默认为False
11 --save-txt:是否将预测的框坐标以.txt文件的形式保存,默认为False
12 --classes:设置只保留某一部分类别,如0或者0 2 3
13 --agnostic-nms:进行NMS是否也去除不同类别之间的框,默认为False
14 --augment:推理的时候进行多尺度、翻转等操作(TTA)推理
15 --update:如果为True,则对所有模型进行strip_optimizer操作,去除pt文件中的优化器等信息,默认为False
16 --project:推理的结果保存在runs/detect目录下
17 --name:结果保存的文件夹名称
18
```

图 7.34　模型的主要参数解析

对图片进行测试推理，将相应参数修改成图片的路径，然后运行 detect.py 就可以进行测试了。

推理测试结束以后，在 runs 下面会生成一个 detect 文件夹，推理结果会保存在其下的 exp8 文件夹中，如图 7.35 所示。

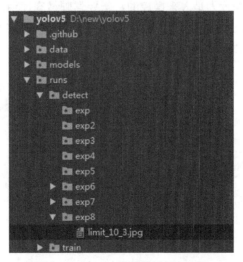

图 7.35　Yolov5 推理结果保存路径

Yolov5 的推理结果如图 7.36 所示。

图 7.36　Yolov5 的推理结果

## 7.7　智能车无人驾驶实践

前面几节我们已经介绍了深度学习智能车实现无人驾驶技术的基础框架，接下来本节将要介绍如何使用深度学习智能车在沙盘场景中实现无人驾驶功能。

### 7.7.1　无人驾驶沙盘模型

无人驾驶和自动驾驶的区别在于，自动驾驶是由人来决定驾驶行为的，而无人驾驶则是完全由机器来负责驾驶行为，也称为自主驾驶。现在大量汽车都应用了主动驾驶技术，如我们在高速上经常使用的 ACC 自适应巡航功能就属于自动驾驶的一种。简单来说，自动驾驶主要是辅助驾驶功能，主体驾驶行为是人来操控的，需要驾驶员来使用。而无人驾驶则完全以机器为主题，无须控制车辆，机器实现全面的自主驾驶，此场景主要实现机器人的无人驾驶功能。如图 7.37 所示为无人驾驶沙盘实验系统。

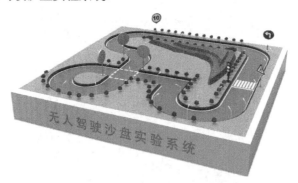

图 7.37　无人驾驶沙盘实验系统

无人驾驶沙盘实验系统，模拟城市道路，涵盖了车道线、上下坡、直线行驶、直角拐弯、过坎、红绿灯、道路标识牌、路灯等诸多元素。沙盘的尺寸为 4m×4m，具有良好的视觉观感。为了深度学习智能车使用起来更加方便，同时配套了丰富的地图场景，可以依据地图进行无人驾驶实验，如图 7.38 和图 7.39 所示为两个适配的地图场景。

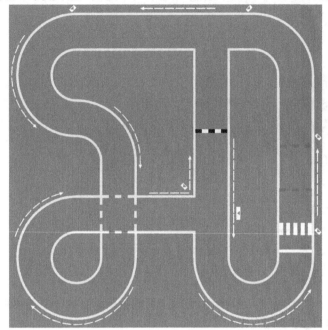

图 7.38 无人驾驶地图场景一

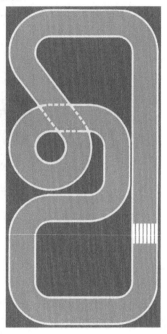

图 7.39 无人驾驶地图场景二

## 7.7.2 深度学习智能车

深度学习智能车本体我们在第 6 章已经详细介绍过，在智能车底盘上加装了摄像头、车载电脑、显示器等传感设备，用以完成我们的实战需求，如图 7.40 所示。

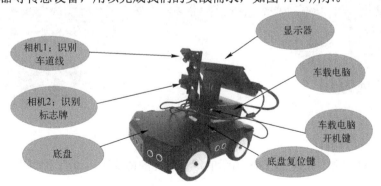

图 7.40 深度学习智能车

### 7.7.3　遥控使用

（1）手柄开关如图 7.41 中的箭头所示。

图 7.41　手柄开关

（2）打开手柄电源后，手柄指示灯出现图 7.42 所示的两个灯闪烁的情况：①检查手柄的接收器是否与工控机插好；②检查电池是否还有电。

图 7.42　遥控手柄打开显示灯

（3）打开手柄电源，出现图 7.43 所示的绿灯常亮的情况时，说明手柄跟 USB 接收器连接成功。

图 7.43　遥控手柄连接状态灯

（4）小车的控制按键如图 7.44 中箭头所示。其中，按一次停车键，停车并且暂停采集图像；按两次停车键，停止采集图像并且停车。

图 7.44　遥控手柄功能按键说明

## 7.7.4　深度学习智能车

深度学习智能车无人驾驶的实现可以分为两个部分，即车道线检测和目标检测，整体实现流程如图 7.45 所示。

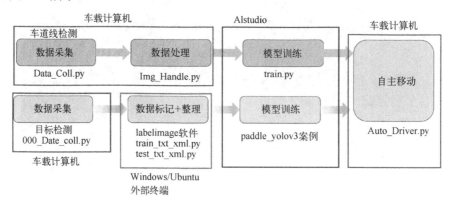

图 7.45　深度学习智能车无人驾驶实现流程

车道线识别主要包括数据采集、数据处理、模型训练和自主移动四部分，流程如图 7.46 所示。

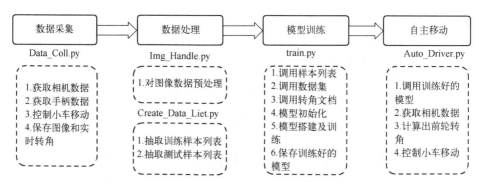

图 7.46　深度学习智能车无人驾驶车道线检测实现流程

车道线检测是进行小车视觉自主移动的算法，首先打开主机进入系统后，使用 Ctrl+Alt+T 组合键打开终端，进入 av2/目录中，运行 "python Data_coll.py" 命令，弹出相机画面，如图 7.47 所示。

弹出相机画面后，按 B 键启动小车，通过左摇杆来控制小车方向，按一次停车键停车、暂停采集数据，按两个次停车键停止采集，将小车运行起来，开始数据采集，采集两圈数据即可，如图 7.48 所示。

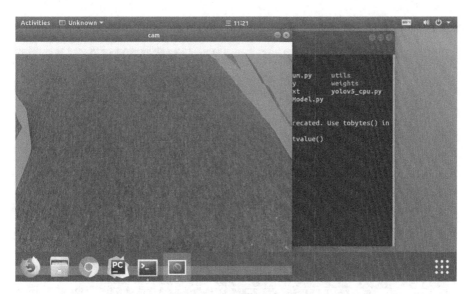

图 7.47　车道线检测相机启动

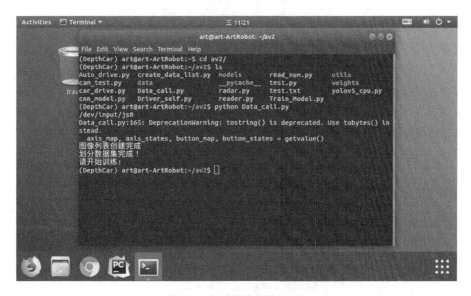

图 7.48　车道线检测数据采集

停止采集数据后会自动划分数据集。数据采集完成后，需要对数据进行训练，使用 Ctrl+Alt+T 组合键打开终端，进入 av2/ 目录中，运行"python Train_Model.py drive"命令，如图 7.49 所示。

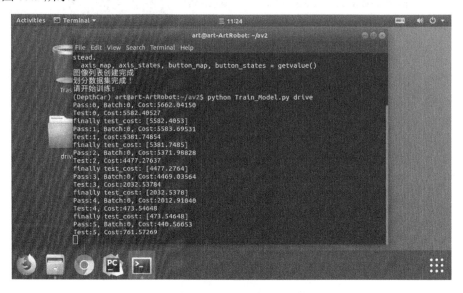

图 7.49 车道线检测数据训练

训练好的模型自动存放在 av2/weights/drive/目录下，切记每次训练时会被之前训练的模型覆盖掉，如要保存之前训练的模型，请备份。

此时就可以进行车道线检测，实现自主驾驶。

除了实现车道检测，道路上还需要实现一项重要功能，就是目标检测。目标物检测包括数据采集、数据处理、模型训练、自主移动四部分，流程如图 7.50 所示。

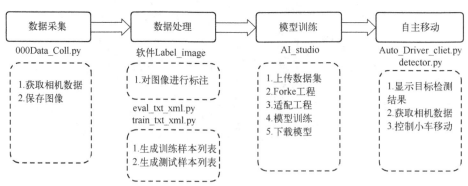

图 7.50 深度学习智能车无人驾驶目标检测实现流程

打开主机进入系统后，使用 Ctrl+Alt+T 组合键打开终端，进入 yolov5/目录中，运行 python get_images.py，然后控制小车跑两圈，采集数据。采集完的数据存放在 yolov5/data/images/目录下，采集完数据后，删除没有目标的图片，清洗一遍图像，只保留有目标物体的图片，如图 7.51 所示。

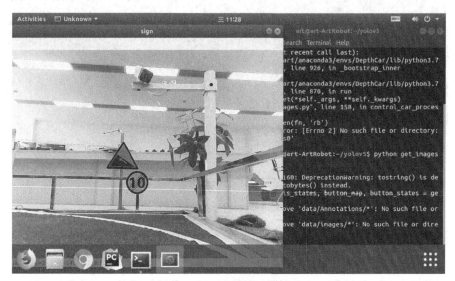

图 7.51　目标检测数据采集

打标签的过程比较漫长，一般会选择切换电脑独立供电电源。进入系统后，使用 Ctrl+Alt+T 组合键打开终端，在 labelImg/目录下，运行"python labelImg.py"命令打开 labelImg 软件，即可以开始打标签，如图 7.52 所示。

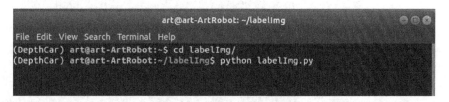

图 7.52　打开 labelImg 软件

标签打完之后就可以开始进行数据训练了，使用 Ctrl+Alt+T 组合键打开终端，在 yolov5/目录下，运行"python train.py"命令进行训练，如图 7.53 所示。

在训练结束时会在终端输出模型存放的目录文件，根据目录文件找到 best.pt，将其复制到 av2/weights/目录下，替换掉之前的 best.pt 即可。

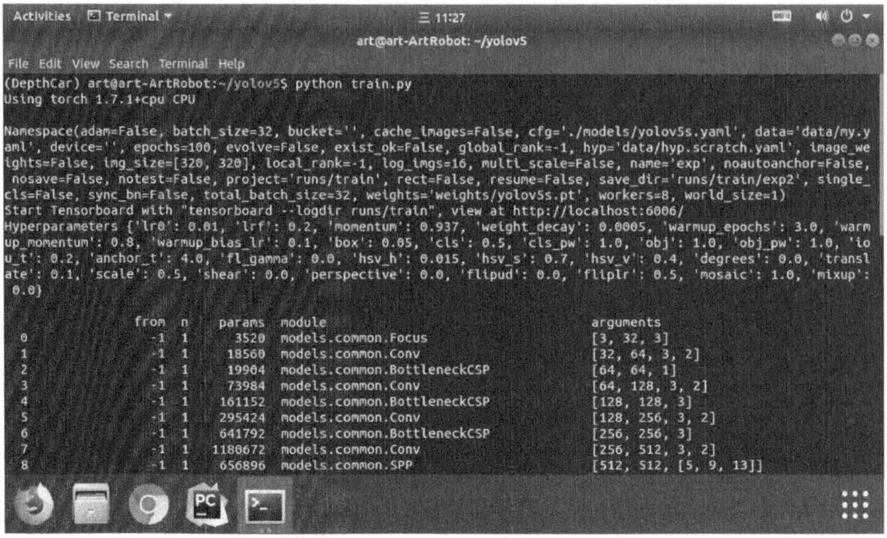

图 7.53　目标检测数据训练

在 av2/目录下运行 "python Auto_driver.py" 命令，弹出如图 7.54 所示的界面。启动电机开关，小车即可运行。关闭程序时，分别在两个弹出的相机画面框中按 Esc 键来停掉程序。

图 7.54　深度学习智能车无人驾驶场景摄像头界面

# 参 考 文 献

[1] KRIZHEVSKY A, SUTSKEVER I, HINTON G E. Imagenet classification with deep convolutional neural networks[C]// Advances in neural information processing systems. 2012: 1097-1105.

[2] SIMONYAN K, ZISSERMAN A, Very deep convolutional networks for large-scale image recognition[C]// International Conference on Learning Representations. 2015.

[3] SZEGEDY C, LIU W, JIA Y, et al. Going deeper with convolutions[C]//Proceedings of the IEEE conference on computer vision and pattern recognition. 2015: 1-9.

[4] HE K, ZHANG X, REN S, et al. Deep residual learning for image recognition[C]//Proceedings of the IEEE conference on computer vision and pattern recognition. 2016: 770-778.

[5] REN S, HE K, GIRSHICK R, et al. Faster r-cnn: Towards real-time object detection with region proposal networks[J]. Advances in neural information processing systems, 2015, 28.

[6] REDMON J, FARHADI A. Yolov3: an incremental improvement[J]. arXiv preprint arXiv:1804.02767, 2018.

# 反侵权盗版声明

　　电子工业出版社依法对本作品享有专有出版权。任何未经权利人书面许可，复制、销售或通过信息网络传播本作品的行为；歪曲、篡改、剽窃本作品的行为，均违反《中华人民共和国著作权法》，其行为人应承担相应的民事责任和行政责任，构成犯罪的，将被依法追究刑事责任。

　　为了维护市场秩序，保护权利人的合法权益，本社将依法查处和打击侵权盗版的单位和个人。欢迎社会各界人士积极举报侵权盗版行为，本社将奖励举报有功人员，并保证举报人的信息不被泄露。

　　举报电话：（010）88254396；（010）88258888

　　传　　真：（010）88254397

　　E-mail：dbqq@phei.com.cn

　　通信地址：北京市海淀区万寿路 173 信箱

　　　　　　　电子工业出版社总编办公室

　　邮　　编：100036